KB273123

방사능
지진에서
살아남는 법

방사능 지진에서 살아남는 법

21세기형 천재지변 서바이벌 가이드북

고현진 지음

시공사

　지난 3월 11일, 일본 동북부 해역에서 리히터(Richter, 지진의 규모를 나타내는 단위) 규모 9.0의 대지진이 발생했다. 규모 9.0이라는 숫자는 지진이 생소한 우리는 쉽게 다가오지 않지만, 지진 규모가 1씩 늘어날수록 지진 에너지는 30배씩 증가한다고 한다. 지난 아이티 대지진만 해도 엄청난 피해가 있었는데, 당시의 규모는 7.0이었다. 산술적으로 계산해보면 이번 일본 지진은 거의 900배에 달하는 강력한 지진 에너지를 방출한 셈이다. 2차 세계대전 당시 히로시마에 떨어졌던 원자폭탄의 위력이 규모 6.0이라고 하니, 이번 대지진의 위력이 어느 정도인지는 굳이 말을 하지 않아도 이해가 갈 것이다.

　일본 역사상 최대 규모의 이번 대지진은 엄청난 쓰나미를 일으키며 수많은 사람들의 목숨을 앗아갔고, 현재로서는 정확한 규모조차 파악하기 힘들 만큼 엄청난 재산피해를 내고 있다. 게다가 대지진 여파로 후쿠시마 지역의 원전 폭발까지 더해져 일본 열도뿐만 아니라 전 세계가 방사능 공포에 떨고 있다. 그렇다면 우리나라의 사정은 어떨까? 과연 우리나라는 지진과 쓰나미, 화산폭발, 방사능에 안전할까?

내진 설계 부문에서 세계 최고라 하는 일본의 기술력을 바탕으로 지은 건물들도 강력한 자연의 힘 앞에서는 무릎을 꿇고 말았다. 만일, 우리나라에서 비슷한 규모의 지진이 발생한다면 어떻게 될까? 소규모이긴 하지만 우리나라에서도 연간 20~35회 정도 지진이 일어나고 있다. 백두산 화산 폭발의 가능성도 대두되고 있다. 더 이상 우리나라는 지진 안전지대가 아님을 깨달아야 한다.

지진, 쓰나미, 화산폭발 등 자연재해는 아무도 예상하지 못한 순간에 갑자기 찾아온다. 이러한 재해는 인간의 힘을 벗어난 초자연적인 힘에 의해 생기기 때문에 미연에 방지하고 생기지 않게 할 수는 없다. 하지만 적어도 피해를 조금이라도 줄일 수 있도록 철저한 안전교육은 지금부터라도 당장 시작할 수 있다. 재해대책에 대한 구체적인 행동지침과 요령을 숙지하고 있으면 위급한 상황에서 침착하고 냉철한 태도로 대처할 수 있을 것이다. 우선 평상시에 할 수 있는 작은 일부터 시작하자. 이 작은 노력이 자연의 노여움으로부터 우리를 지킬 수 있는 첫걸음이 될 것이다.

Contents

Part **1**

방사능 오염에서
살아남기

킬로미터로, 후쿠시마 원전 사고로 인해 일본에 인접한 우리도 적지

우리도 방사능에 대한 지식과 방사 유출로 생기는 여러 가지 부작

용과 폐해 등 기본적인 정보를 알고 있어야 할 것이다.

 후쿠시마 원전 사고로 인해 일본에 인접한 우리도 적지

않은 방사능 공포를 겪고 있다. 체르노빌 원전사고 때도 방사성 낙

진이 북서쪽으로 스웨덴의 스톡홀름, 서쪽으로 독일의 베를린까지

오염시킨 예가 있었다. 체르노빌과 이 두 도시 간 거리는 약 1,100

킬로미터로, 후쿠시마에서 우리나라까지의 거리와 비슷하다. 이에

우리도 방사능에 대한 지식과 방사능 유출로 생기는 여러 가지 부작

용과 폐해 등 기본적인 정보를 알고 있어야 할 것이다.

1

방사능에 대한
기초 지식

2011년 3월, 일본 동북부 지진으로 일어난 엄청난 쓰나미의 여파로 후쿠시마 원전에 전력 공급이 중단, 냉각시스템이 고장나면서 노심의 온도가 높아져 대규모 방사능이 유출되는 사고가 일어났다. 2011년 4월 12일, 일본 경제산업성 산하 원자력안전보안원은 후쿠시마 원전 사고의 등급을 최고단계인 7등급(국제 원자력 사고 등급)으로 상향했는데, 이는 1986년에 발생한 구 소비에트연방의 체르노빌 원전 사고와 같은 등급이다.

이 사고로 인해 일본에 인접한 우리도 적지 않은 방사능 공포를 겪고 있다. 체르노빌 원전사고 때도 방사성 낙진이 북서쪽으로 스웨덴의 스톡홀름, 서쪽으로 독일의 베를린까지 오염시킨 예가 있었다. 체르노빌과 이 두 도시 간 거리는 약 1,100킬로미터로, 후쿠시마에서 우리나라까지의 거리와 비슷하다. 이에 우리도 방사능에 대한 지식과 방사능 유출로 생기는 여러 가지 부작용과 폐해 등 기본적인 정보를 알고 있어야 할 것이다.

방사능이란 무엇인가?

방사능이란, 물리학적으로 정의하자면, 방사선(radioactive ray, radiation)을 내는 활성력(방사성, 방사 활성, 방사선을 내보내는 정도)이다. 그리고 방사선은 라듐, 우라늄, 토륨과 같은 방사성원소의 원자핵이 부서질 때 나오는 알파선, 베타선, 감마선 등을 총칭해서 말하는 것이다. 방사능과 방사선을 혼용해서 사용하는 경우가 많은데, 이처럼 그 정의는 명확하게 다르다.

방사선은 쉽게 말해 건강검진 때의 X선과 같은 것인데, 눈에는 보이지 않지만 종류에 따라서는 엄청난 힘을 가지고 있

어 물체를 뚫고 들어가며 그 결과로 사람의 세포를 파괴하기도 한다. 그렇다고 방사선이 무조건 해로운 것은 아니다. 다만 양이 문제가 될 뿐이다. 일상생활에서 우리는 태양풍과 태양계 밖에서 오는 '우주방사선(cosmic ray)'과 광물에서 나오는 '자연방사선'으로 많은 방사선을 받고 있지만 거의 피해를 입지 않는다. 하지만, 사람의 손으로 만들어낸 방사선인 '인공방사선'은 인류에게 커다란 재앙을 가져올 수 있다.

원자폭탄이 터지면 직경 수백 미터의 커다란 불덩어리가 생겨난다. 중심부는 수억 도의 높은 온도에 다다른다. 이때, 원료인 우라늄이나 토륨의 조각은 물론, 폭발에 휩쓸린 공기 중의 많은 먼지, 심하면 지상의 흙까지 모두 방사성 물질로 변해버린다. 그중에서 알맹이가 큰 것은 주변에 떨어지지만

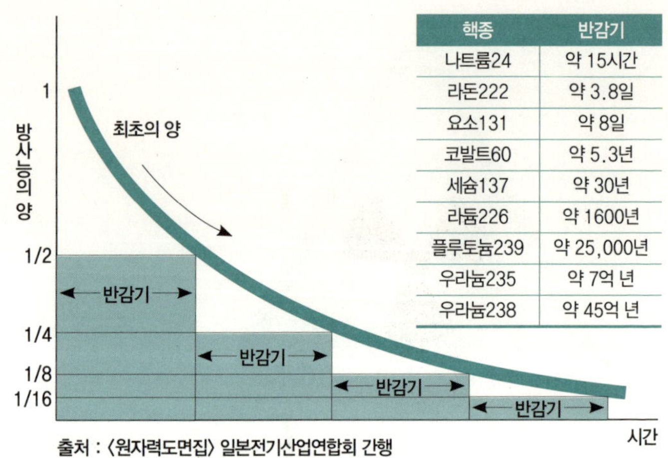

핵종	반감기
나트륨24	약 15시간
라돈222	약 3.8일
요소131	약 8일
코발트60	약 5.3년
세슘137	약 30년
라듐226	약 1600년
플루토늄239	약 25,000년
우라늄235	약 7억 년
우라늄238	약 45억 년

출처 : 〈원자력도면집〉 일본전기산업연합회 간행

주요 방사성 원소의 반감기

아주 작은 먼지는 하늘 높이 솟아오르게 된다. 그래서 대기 중에 머물다가 서서히 지상에 내려앉는데, 수년 후에 낙하하는 일도 있다.

핵분열로 생겨나는 방사성 물질은 수백 종이나 된다. 그러나 끊임없이 방사선을 내는 이들 물질은 시간이 지남에 따라 점차 힘이 약해진다. 방사성원소가 가지는 본래의 힘이 반으로 줄어들기까지 걸리는 시간을 '반감기'라고 하는데, 종류에 따라 0.1초도 안 걸리는 것에서 수만 년, 수억 년이 걸리는 것도 있다.

원자력과 관련된 어휘 중에 가장 먼저 떠오르는 것은 아마 원자력 발전 또는 방사선일 것이다. 원자력 이용은 원자력 발전으로 대표되는 에너지 이용분야와 의료 목적의 방사선 이용분야로 크게 양분된다. 그러나 안타깝게도 많은 사람들의 의식 속에서 방사선이란 핵폭발, 체르노빌 원전사고, 방사능 폐기물 등 해롭고 두려운 존재로 인식하고 있는 것이 사실이다.

방사선은 위험한 것이지만 완전히 피해 갈 수는 없다. 방사선은 이미 우리 생활의 일부로 자리를 잡고 있기 때문이다. 원자력 발전소를 비롯하여 방사선을 방출하는 시설이 점점 더 늘어나고 있는 만큼, 방사선에 대한 국가적 경각심을 높이고 안전시설도 더 늘려야 할 것이다.

방사선을 표현하는 단위들

일본 후쿠시마 원전 사고로 많은 양의 방사성 물질이 유출되면서 수많은 언론에서 앞다투어 관련 기사들을 속속 발표하고 있다. 그런데 어떤 기사에서는 베크렐이란 단위를 쓰고 또 어떤 기사에서는 시버트란 단위를 쓴다. 쉽게 이해하기 어렵고 발음도 생소한 이런 단위들의 차이는 과연 무엇일까? 가장 많이 사용하는 단위인 베크렐과 시버트, 그레이에 대해 알아보자.

방사선을 나타내는 주요 단위

단위	실용 단위	기준	비고
베크렐 Bq	큐리 Ci	시간당 방사능 붕괴횟수	1Ci = 3.7×1010Bq
그레이 Gy	라드 rd	질량당 흡수한 방사선 에너지	1rd = 0.01Gy
C/kg	뢴트겐 R	방사선이 물질을 전리시킨 정도	1R = 2.58×10-4C/kg
시버트 Sv	렘 rem	방사선의 생물학적 손상 정도	1rem = 0.01Sv

방사능의 힘을 나타내는 단위

베크렐 : 방사능 물질이 방사선을 방출하는 힘을 측정하기 위한 국제단위로 베크렐선을 발견한 프랑스의 물리학자 '앙투안 앙리 베크렐'의 이름에서 유래했다. 기호는 Bq.

방사능의 힘은 1초 동안 붕괴하는 원자핵의 수로 나타낸다. 1베크렐이라 하면 1초 동안 1개의 방사선을 방출하는 것이다. 예전에는 1그램의 라듐이 가지는 방사능을 단위로 하고, 이것을 1큐리(기호 Ci)로 표시했다. 1그램의 라듐은 매초 3.7×1,010개의 알파선을 방사하므로, 1큐리는 3.7×1,010베크렐이 된다.

뢴트겐 : 예전에 가장 많이 사용되던 방사선 단위가 뢴트겐이다. 기호는 R. 이는 공기 중에서 X선이나 감마선을 비추었을 때 원자가 이온화되는 정도를 가지고 측정한다. 1뢴트겐은 0도, 1기압의 공기에서 $2.58 \times 10\text{-}4 \, \text{C}/\text{kg}$의 이온화가 일어나는 방사선 양을 말한다. 단, 국제 표준 단위에 채용되지 않았기 때문에 현재는 많이 사용되지 않는다.

흡수한 방사능 에너지의 양을 나타내는 단위

그레이 : 흡수한 방사선 에너지의 총량(흡수선량)을 나타내는 국제단위로 기호는 Gy이다. 단위 질량당의 물질이 방사선에 의해서 흡수한 에너지를 나타낸다. 이 단위는 모든 물질, 모든 방사선에 적용된다. 1그레이는 1킬로그램의 물체가 방사선을 통해 1줄(J)의 에너지를 흡수했을 때의 흡수선량이다.

라드 : 흡수한 방사선 에너지의 총량(흡수선량)을 나타내는 예전 형식의 단위이다. 기호는 rd. 단위 당 물질이 방사선을 흡수해 발생한 에너지(온도 상승)로 계측한다. 1라드는 1킬로그램의 물체가 방사선을 통해 0.01줄의 에너지를 흡수했을 때의 흡수선량이다. 단, 국제단위에서는 그레이를 사용하므로 현재는 잘 사용하지 않는다. 1그레이는 100라드에 상당한다.

인체에 대한 영향을 보여주는 단위

시버트 : 방사선 방호 분야에서 사용하는 국제단위로, 인체가 흡수한 방사선의 영향을 수치화한 것이다. 기호는 Sv. 흡수선량치(단위: 그레이)에 방사선의 종류마다 정해진 계수를 곱해 산출한다.

렘 : 인체에 대한 영향(방사능 노출량)을 나타내는 예전 형식의 단위이다. 표기는 rem. 인체가 흡수한 방사선량(단위: 라드)에 방사선의 종류마다 정해진 계수를 곱해 산출한다. 국제단위가 아니므로 많이 사용하지는 않는다. 0.01시버트는 1렘에 상당한다.

2

세계의 원자력 사고와 피해 상황

원자력 사고란 원자력 발전 시설에서 발생하는 사고이다. 직접적인 폭발에 의한 피해도 무섭지만 사고와 함께 발생하는 방사능 유출 때문에 생기는 2차 피해가 더욱 무섭다. 눈에 보이지도 않고 냄새도 나지 않는 무시무시한 방사능. 일단 한 번 피폭되면 몇 대에 걸쳐 후유증이 나타날 정도로 위험한 재앙이다.

특히, 이번 후쿠시마 원전 사고로 인해 근접해 있는 우리나라에도 적지 않은 방사능 노출 공포를 겪고 있다. 역사상 최악의 원자력 사고였던 체르노빌 원전사고 때도 방사능 낙진이 동유럽 전체를 오염시켰을 정도로 엄청난 피해를 안겨

주었다. 우리나라와 후쿠시마의 거리는 약 1,100킬로미터. 결코 안심할 수 없는 거리이다. 현재까지는 소량의 방사성 물질만 검출되고 있긴 하지만 상황이 어떻게 변할지는 아무도 예측할 수 없다. 방사능 오염에 대한 철저한 안전대책을 세워 미리 대비해야 할 것이다.

국제 원자력 사고등급 INES

국제원자력기구 IAEA는 1992년부터 원자력 사고의 정도를 모든 사람들이 쉽게 이해할 수 있도록 사고등급을 도입하여 사용하고 있다. 크게 단순한 이상(Deviation), 사건(Incident), 사고(Accident)의 3단계로 구분하는데, 사건은 위험이 시설 내부로 국한된 경우이고, 사고는 위험이 외부로 확대된 경우를 말한다. 또한 세부적으로는 0등급에서 7등급까지 8단계의 등급으로 나누고 있으며, 수치가 클수록 큰 사건을 의미한다.

현재, 우리나라에서는 이 INES 분류기준을 적용하여 등급을 분류하고 있다

국제 원자력 사고 등급 INES

등급	구분	피해 정도	사례
0	경미한 이상 Deviation-No Safety Significance	일반 원전 활동중 경미한 이상으로 피해는 없음	
1	경미한 사건 Anomaly	운전 제한 범위의 이탈로 안전상의 사소한 문제로 피해는 거의 없음	
2	사건 Incident	원전 관련 종사자들의 법적 연간 피폭치 이내에서 방사선 노출, 시설물 내의 방사능 오염	
3	심각한 사건 Serious Incident	원전 종사자들의 심각한 피폭, 주변 지역의 방사능 오염, 원자력 발전소 인근에서의 사고	
4	시설 내부 위험 사고 Accident With Local Consequences	피폭으로 적어도 1명 사망, 소량의 방사성 물질 유출	1987년 9월 브라질 고이아니아 방사능 누출 사고(4명 사망, 20명 치료), 1999년 9월 일본 도카이무라 방사능 누출 사고(인부 2명 사망, 수십 명 피폭)
5	시설 외부 위험 사고 Accident With Wider Consequences	방사성 물질의 한정적 외부 유출, 사망자 대여섯명 발생, 원자로의 심각한 손상	1979년 3월 미국 스리마일 섬 원전 사고(10억 달러 경제적 손실), 1957년 10월 영국 윈드 스케일 원자로 사고(인근 작물 폐기 처분)
6	심각한 사고 Serious Accident	상당량의 방사성 물질 외부 유출, 인근 지역 주민들 대피	구소련 키시팀 사고(핵연료 재처리 공장, 1만 명 대피)
7	대형사고 Major Accident	광범위한 방사능 누출 피해, 방사성 물질 대량 유출, 생태계에 심각한 영향 초래	1986년 4월 구소련 체르노빌 사고(28명초기 사망, 237명 피폭), 2011년 3월 일본 후쿠시마 원전 사고(현재 진행중)

※ 국제원자력기구 자료 참조

1942년 12월 E. 페르미가 핵분열 연쇄반응을 발견하고, 1954년 6월 구 소련에서 세계 최초의 원자력발전소가 가동된 이후로 많은 원자력 사고가 일어났다. 원자력 사고의 무서운 점은 다른 재해와는 달리 일단 한 번 일어나면 암, 백혈병, 기형아 출산 등 오랜 기간 다양한 후유증을 앓을 수 있다는 것이다. 1986년에 일어난 체르노빌 원자력 발전소 폭발 사고 이후, 벌써 25년이라는 세월이 지났지만, 지역 주민들은 여전히 원전사고의 후유증을 앓고 있다. 또 그 후유증이 앞으로 언제까지 계속될지는 아무도 알 수 없다.

20011년 3월 기준으로 전 세계에는 모두 443기의 원자력 발전소가 운행을 하고 있으며, 건설 중인 곳도 62기나 된다. 다른 화석연료에 비해 경제적, 환경적인 효과가 높아 앞으로도 지속적으로 발전해야 할 원자력 발전이지만, 방사능이라는 엄청난 위험 요소를 안고 있는 만큼 안전사고에 철저한 대비를 해야 할 것이다.

체르노빌 원자력 발전소 사고 (1986년 구소련, 7등급)

1986년 4월 26일, 구소련(현재 우크라이나)의 체르노빌 원자력 발전소에서 폭발이 일어났다. 이 사고로 현장의 직원 등 56명이 사망하고, 20만 명 이상이 방사선에 피폭되어 25,000명 이상이 사망하였다. 이는 원자력 개발 역사상 최악의 사고로 기록되었다.

사고 당시, 폭발한 원전 4호기는 원자로가 멈추었을 경우를 상정한 실험을 하고 있었는데, 실험 도중에 제어 불능에 빠져 노심이 융해, 폭발했다고 한다. 폭발에 의해 원자로 내의 방사성 물질이 대기 중에 대량으로 방출되었으며, 이는 히로시마에 투하된 원자폭탄에 의한 방출량의 400배 규모였다.

당시 소련 정부는 주민의 패닉이나 기밀 누설을 두려워해 사고를 은폐하고 지역 주민들에게는 대피 조치조차 하지 않았다. 때문에 그들은 심각한 수준의 방사선에 그대로 노출되고 말았다. 그러나 다음날인 4월 27일, 스웨덴의 포르스마르크 원자력 발전소에서 방사성 물질을 발견하면서 원인을 규명하자 어쩔 수 없이 소련도 사고를 시인했다.

폭발 후에도 화재는 멈추지 않았고 소화 활동이 계속 되었다. 미국의 군사 위성으로부터도 붉게 불타는 원자로 중심부의 모습을 관찰할 수 있었다고 한다. 소련 당국은 응급조치로 노심 내에 감속재인 납을 대량으로 투입하고, 액체 질소를 부어 노심 온도를 저하시켰다. 이 대책이 효과가 있었는지 일시 제어 불능 상태에 빠져 있었던 노심 내의 핵연료 활동도 점차 안정되어 이후에는 대규모 방사성 물질의 누출이 끝났다는 견해를 발표할 수 있었다.

고농도의 방사성 물질로 오염된 체르노빌 주변은 거주가 불가능하여 약 16만 명이 이주를 했다. 대피는 4월 27일부터 5월 6일에 걸쳐 행해져 사고 발생으로부터 1개월 후까지 체르노빌 원자력 발전소로부터 30킬로미터 이내에 거주하는 약 11만 6,000명 모두가 이주했다고 소련은 발표했다.

그러나 태어난 땅을 떠나는 것을 바라지 않았던 노인 등 일부 주민은 이주하지 않고 생활을 계속했다. 또한 누출된 방사성 물질은 우크라이나, 벨라루스, 러시아 등으로 떨어져 심각한 방사능 오염을 초래했다. 낙진의 80퍼센트가 떨어진 벨라루스는 전 국토의 25퍼센트가 출입금지 구역이 되었다.

사고가 일어나고 벌써 25년이란 오랜 세월이 지났지만 지금도 체르노빌은 끊임없는 후유증으로 몸살을 앓고 있다. 한때 소련이 만든 계획도시로 번영을 누렸던 프리피야트는 텅

빈 아파트와 빌딩들 사이로 수목과 잡초가 무성한 유령도시로 변했다. 그런데 앞으로 방사성 물질이 위험하지 않은 수준까지 감소하려면 수백 년이란 세월이 지나야 된다니, 원자력 사고가 얼마나 고통스럽고 위험한 재앙인지 실감이 난다.

키시팀 사고 (1957년 구소련, 6등급)

1957년 9월 29일, 구소련의 마야크 핵연료 재처리 공장에서 방사능 오염 사고가 일어났다. 국제 원자력 사고 척도에 6단계인 대사고 등급을 기록했으며, 체르노빌 원자력 발전소 사고와 후쿠시마 원자력 발전소 사고에 이어 세 번째로 끔찍한 원자력 사고로 기록되었다. 공장은 오조르스크 시에 있었지만 오조르스크는 거주가 제한된 도시였기 때문에 가까운 이웃 도시인 키시팀시의 이름을 따서 '키시팀 사고'라 불린다.

사고는 1957년 9월, 70~80톤 정도의 방사성 폐기물이 든 탱크가 냉각장치 고장을 일으켜 온도가 비정상적으로 올라가면서 일어났다. 방사성 폐기물은 TNT 70~100톤에 달하는 폭발을 일으켰으며, 이 폭발로 160톤의 콘크리트 뚜껑을 날려버렸다. 그리고 2~50메가퀴리(74~1850페타베크렐)의 방사성 물질이 누출되는 엄청난 원자력 사고로 발전했다. 10시간 정도 경과한 후에는 세슘과 스트론튬이 포함된 방사성 구름이 북쪽으로 이동하면서 약 800제곱킬로미터의 주변 지역을 오염시켰다.

그런데 마야크 핵연료 재처리 공장은 비밀시설이었기 때문에 사고 직후 바로 주민들에게 대피 명령을 내리지 못하고 1주일 후에야 대피령을 내렸다. 이후 사고의 영향이 미친 지역의 사람들에게는 얼굴, 손 등 밖으로 드러난 부분의 피부가 허물처럼 벗겨지는 이상한 질병이 나타나기 시작했다. 그리고 직접적으로 방사선에 피폭된 수십만 명의 사람 중 200여 명이 암으로 사망했다.

사고 후 소련 정부는 오염된 지역의 흙을 파서 묻어버렸는데, 이 지역을 가리켜 '지구의 무덤'이라고 부른다. 1968년 소련 정부에서는 이 지역을 동우랄 자연보호지역으로 위장하고 주민들이 오염된 지역으로 들어가지 못하도록 했다. 소련 정부가 끊임없이 정보를 렸추던 이 사고는 조레스 메드베데프(Zhores Medvedev)가 〈네이처〉에 폭로하면서 세계에 알려지게 되었다.

스리마일 섬 원자력 발전소 사고 (1979년 미국, 5등급)

1979년 3월 28일, 미국 펜실베이니아주 미들타운의 스리마일 섬 원자력발전소에서 가동 중인 원자로 내의 냉각수 급수 계통이 파괴되면서 방사능이 누출되었다. 사고 발생 후 5일 동안 계속해서 방사능이 새어나와 반경 80킬로미터 이내에 거주하던 주민 200여 명이 방사능에 노출되었다. 사고 후 임산부와 아이들에게 대피 권고가 내려졌고 주변 23개 초·중·고교가 폐쇄되었다.

사고로 인한 직접적인 사망자는 없었지만, 인근 목장과 주민들에게서 높은 수치의 유산과 사산 사례가 보고되었고 유아 사망률이 다른 지역에 비해 2배 이상 높아지는 등 심각한 후유증을 낳았다. 또한 방사능 물질에 민감하게 반응하는 갑상선에 이상이 있는 신생아도 50퍼센트 이상 증가했다고 한다.

이 사고로 20억 달러를 투자한 원자로는 완전히 파괴되었다. 1978년 12월에 가동을 시작하고 불과 4개월이 채 지나지 않은 상태였다. 더구나 부주의나 과실에 의해 일어난 것이 아니라 완벽할 것으로 믿었던 설계와 시공에 문제가 있었다는 사실에 미국 사회에 큰 파장을 일으켰다. 또한 원자력이 안전하고 깨끗한 에너지라는 생각을 가지고 있었던 미국인들 사이에 앞으로 건설되는 모든 원자력 관련 시설도 언제든지 사고를 일으킬 수 있다는 우려와 공포가 확산되었다.

미국 정부는 사고 발생 후 10여 년만인 1990년에 10억 달러를 들여 사고 원자로를 철거했으며, 2010년까지 방사선 잔류 조사를 해마다 해야 했다.

윈드스케일 원자로 사고 (1957년 영국, 5등급)

1957년 10월 10일, 영국의 윈드스케일(현재의 셀라필드) 원자력 단지에서 발생한 방사능 누출사고. 사고는 2개의 플루토늄 생산 원자로 중 하나가 화재로 불타면서 일어났다. 결국 원자로 중심부는 파괴되고 엄청난 방사능 구름이 이틀에 걸쳐 배출되었다. 불길은 이틀 만에 잡혔지만, 이 원자로는 영국이 핵무기 제조에 필요한 플루토늄을 얻기 위해 지은 것이었기 때문에 정부는 주민들에게 자세한 상황을 말해주지 않았다. 사고 지점 반경 200마일 내에서 생산된 우유를 먹지 말라는 것이 유일한 경고였다.

여러 해가 지난 후 영국의 한 공식 보고서는 사고 당시 누출된 방사능이 수십 명에게 암을 일으켜 죽음에 이르게 했을

지 모른다고 얼버무렸지만, 실상은 그렇지 않았다. 원자로 주변에 살던 주민들은 아무것도 모르고 순식간에 방사능 물질 평생 노출 허용치보다 10배나 많은 방사능을 뒤집어썼다. 그리고 33명이 사고 후 후유증으로 목숨을 잃었고, 200명이 넘는 주민이 갑상선암 진단을 받았다.

15톤에 이르는 핵연료봉은 방사능재 등의 오염 물질과 함께 아직도 사고 지역에 방치되어 있으며, 복구 작업은 최근에야 시작했다. 독일의 시사주간지 〈슈피겔〉은 완전하게 복구하는 데는 총 5억 파운드(약 8,800억 원)가 소요될 것이라고 전망했다.

고이아니아 방사능 물질 누출 사고 (1987년 브라질, 5등급)

1987년 9월 13일, 브라질의 고이아니아 시에서 발생한 방사능 물질 누출사고. 이 사고는 방사능 누출 사고가 거대한 규모의 원자력 발전소에서만 일어나는 것이 아니라, 부주의하게 취급하면 우리 생활 주변에서도 얼마든지 치명적인 피해를 줄 수 있다는 사실을 알려주었다.

사고는 이 도시에 있던 암 전문 의료원이 이전을 하면서 건물주와의 법적분쟁으로 의료기를 이전하지 못해 발생했다. 법원에서는 경비원을 배치하여 지키게 하였으나 경비원이 무단으로 결근한 날 도둑이 들어 이 의료기를 훔쳐갔다. 그런데 의료기 속에는 방사성 원소인 세슘 137이 보관되어 있었다. 세슘 137은 직접 인체에 노출될 경우 목숨까지 위협하는 위험한 물질이다.

문제는 의료기를 훔친 두 명의 도둑이 의료기를 분해하는 과정에서 방사능 물질이 들어 있는 캡슐을 깨뜨렸고 이를 고물상에 팔아버린 것이다. 고물상 주인은 캡슐에 들어 있는 조각들이 어둠속에서 파란 빛을 내는 것을 보고 신기하게 여겨 가족과 친구들에게 나누어 주었다. 그런데 며칠이 지나자 고물상 주인과 가족 친구 등 '신기한 빛'을 구경한 많은 사람들이 위장 장애 증세를 보이기 시작했다. 진찰 결과 방사능에 과다 노출된 것이 원인으로 확인되었으며, 브라질 정부 당국은 비상대책위원회를 구성하고 방사능 물질 유출과정과 오염 상태를 조사하기 시작했다. 결국, 고이아니아 지역 67 제곱킬로미터를 조사한 결과 8개 지역이 방사능으로 오염되었다는 사실을 확인했고 41가구 200여 명에게 긴급대피령을 내렸다.

그해 말까지 방사선 피폭이 확인된 249명 중 4명이 생명을 잃었다. 사망자들은 화장이나 매장할 경우 체내에 있는 방사능 물질이 외부에 유출될 수 있기 때문에 방사선 투과가 안 되는 납으로 만든 관속에 넣어 주거지에서 멀리 떨어진 지역에 묻었다.

도카이 촌 방사능 누출 사고 (1999년 일본, 4등급)

1999년 9월 30일, 일본 도카이 촌의 핵연료 재처리 회사(JCO)의 핵연료 가공시설에서 일어난 방사능 누출 사고. 사고 원인은 우라늄을 가공 처리하는 민간업체인 JCO 도카이 사업소에서 우라늄에서 불순물을 제거하기 위해 초산용액으로 용해하는 과정에서 침전용 탱크에 규정량보다 7배에 가까운 16킬로그램을 주입하는 바람에 핵분열이 연쇄적으로 일어나는 임계현상으로 밝혀졌다. 이는 연쇄 핵분열을 인위적으로 유도하여 강력한 폭발을 일으키는 원자폭탄과 비슷한 사고여서 당시 사회적으로 엄청난 충격을 안겨주었다.

사고가 발생하자마자 피해 지역 주민 32만 명은 만 하루 동안 문을 열지 못하고 방 안에 틀어박혀 지냈다. 휴교령이 내려지고 상점, 병원, 우체국, 은행 등 모든 공공시설 또한 모두 문을 닫았다. 사고 지역으로 통하는 전화는 친지의 안전을 확인하는 통화 폭주로 한때 불통되기도 했다.

일본 정부는 다음날 핵분열이 거의 멎어 사고 위험은 없다고 밝히며 주변국에 사고 수습에 도움을 요청했다. 이 사고로 방사능에 노출된 사람은 작업 인부와 주민 등 70여 명에 달했고, 그중 2명의 인부는 사망했다. 이후 공장은 폐쇄되었고 회사도 문을 닫았다.

3

방사능 오염의
피해

　일본 후쿠시마 원전 사고로 인해 많은 양의 방사성 물질이 누출되면서, 특히 인근 국가인 우리나라에도 많은 피해가 생기지 않을까 염려되고 있다. 또한 우리나라에도 많은 원자력 발전소가 있어 언제 어떤 사고가 일어날지 모른다. 우리나라도 방사능 오염에서 자유로울 수 없는 방사능 위험 지역인 것이다. 방사능 노출로 인한 피해는 직접적이든 간접적이든 인체에 노출되면 치명적일 수 있기 때문에, 지금부터라도 대국민 건강 차원의 대책이 절실한 시점이다.

　방사능 오염이란 방사성 물질에 의해 환경, 음식물, 인체가 오염되는 것을 말한다. 방사능이 위험한 이유는 첫 번째, 맛, 소리, 냄새, 형상이 없어서 사람이 직접적으로 느낄 수 없고, 엄청난 반감기 때문에 독성이 아주 오래 가기 때문이다. 참고로, 방사능 피폭으로 죽은 사람을 화장해도 그 속에 있던 방사능은 사라지지 않는다. 두 번째로, 방사선에 노출되면 세포핵 속의 유전자가 돌연변이를 일으키거나 파괴된다. 이 때문에 기형아 출산, 암, 백혈병 등 다양한 질병이 생겨날 수 있다.

　일본 후쿠시마 원전 사고의 여파로 우리나라에서도 방사능이 검출되고 있다. 물론 인체에 영향을 미칠 정도는 아니지만, 방사능 낙진에 대한 대비책을 강구해야 한다는 점에서 경종을 울리고 있다. 일정량 이상의 방사선에 인체가 노출되면 일단, 세포와 유전자가 파괴된다. 방사선에 의해 가장 쉽게 손상을 받는 부분은 조혈 작용을 하는 골수, 생식기관, 수정체 등이다.

　방사선을 쬐게 되면 처음 피 속의 혈구에 변화가 생기고 조혈 기관에 장애가 일어나 빈혈, 발열, 구역질, 피로감 등이 나타난다. 다음에 장 기능 저하로 식욕부진, 설사, 탈모 등이 생기고 방사선을 대량 쐬었을 때는 신경계통이 손상되어 무기력, 경련 등의 증상을 보인다.

한 번에 만 라드 정도의 방사선을 쐬면 뇌와 척추신경이 파괴되어 몇 시간 내에 사망한다. 1주일 내에 500라드 정도면 4~8주 사이에 골수의 조혈 작용이 저하되어 역시 생명을 잃게 된다고 의학계는 보고 있다. 특히, 방사선은 당장에 이상이 나타나지 않더라도 몇 년 뒤에 피부암, 백혈병 등을 일으킬 수 있고 유전자 손상의 경우 후대에까지 영향을 미친다는 게 정설이다. 그러나 아직까지는 완치할 수 있는 약제는 개발되어 있지 않다.

소량의 방사능에 노출될 경우에 효과가 있는 아미노산유도체인 아미노에킬메르캅탄 MEA, 아미노에틸아이소싸이오요소 AET 등의 방사선 방호제가 개발된 것이 고작이다. 이 방호제를 복용하면 방사능에 의해 DNA가 파괴되는 순간, 수분을 공급해 DNA를 살려냄으로써 세포 파괴를 완화시키는 효과가 있는 것으로 알려져 있다.

그밖에 방사능 피폭으로 인한 신체장애의 치료법으로는 골수 이식술이 있다. 치사량 이상의 방사능을 쐰 경우에도 골수 이식을 하면 50퍼센트 정도는 목숨을 건질 수 있는 것으로 보고되고 있다. 그러나 이런 치료법은 국소 부위에 방사능을 쬐었거나 방사능이 미량일 때에만 효과가 있고, 대량의 방사능 피폭에 대해서는 마땅한 대책이 없는 실정이다.

또한 방사선은 아무리 약하고 소량이라도 계속 쬐면 체내에 축적되어 만성장애와 각종 후유증을 일으키게 된다. 방사능 피해를 줄이기 위해서는 방사능 오염에 노출되지 않도록 평소에 조심하는 것이 최선의 방법이다.

방사능 오염에 안전기준은 없다

지금 우리나라의 가장 큰 문제는 실제로 사람이 얼마나 방사선량에 노출되는지 알 수 있는 방법이 없다는 것이다. 대기 중의 단순한 방사선 수치만으로는 방사선량에 얼마나 노출되는지 확인할 수가 없고, 우리 몸에 어느 정도의 피해를 주는지도 알 수 없기 때문에 그 위험이 얼마나 큰지도 판단할 방법이 없는 것이다. 게다가 방사성 물질이 유입되는 모든 경로를 모니터링하고 있지 않는 것도 문제이다.

당장 방사성 물질이 바다로 유출될 가능성이 큰데 원근해

방사능 오염의 경로

❶ 빗방울 공기 중에 떠다니는 방사성 물질 미세입자 섞임
❷ 빗방울을 통해 채소류에 방사성 물질 흡착
❸ 오염된 채소류 동물이 섭취
동물 내부피폭
❹ 빗방울이 토양에 스며들어 지하수 오염
❺ 빗방울로 토양 오염
❻ 빗방울과 상관없이 공기 중에 떠다니는 방사성 물질 직접 흡입해 내부피폭 발생 가능성
사람 섭취
오염된 우유 사람 섭취
사람 섭취
새로 태어나는 식물 돌연변이 가능성

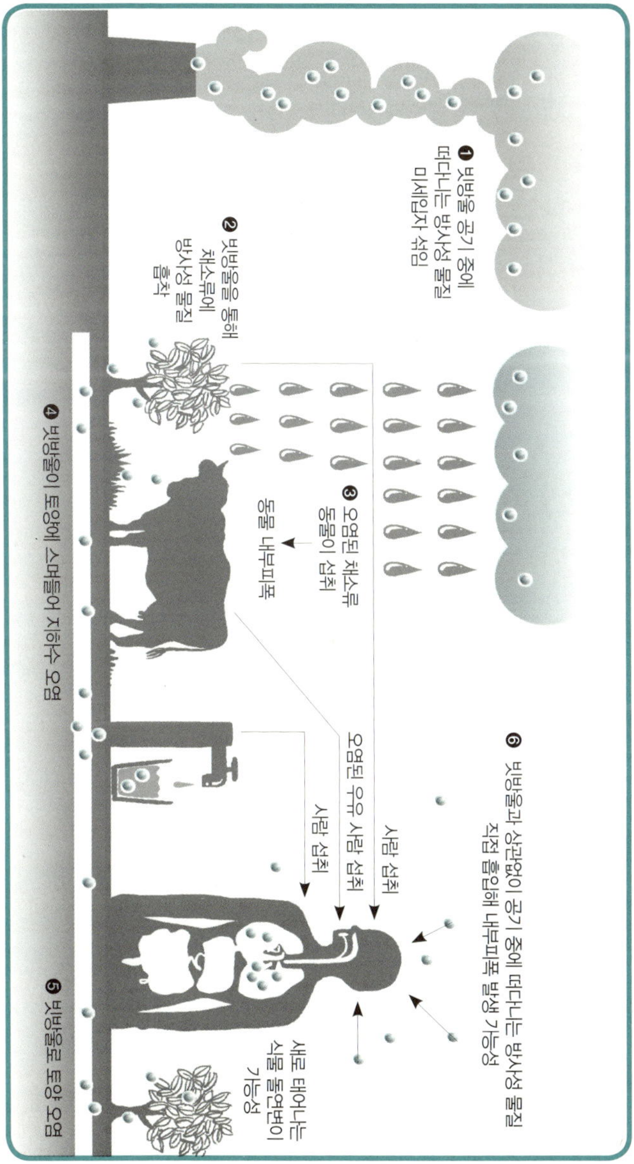

에서 잡은 어·패류가 방사성 물질에 얼마나 오염되는지 모니터링을 하지 않는다. 심지어 환경부가 관리하는 식수의 경우에는 방사성 독성 물질에 대한 기준조차 없다. 원자력 육성에 몰두하는 교육과학기술부가 안전 관리까지 독점하다 보니 정작 보건복지부, 환경부는 손 놓고 구경만 하는 실정이다. 당장 방사능 낙진이 포함된 비가 오고 나면 지하수, 하천이 방사성 독성 물질로 오염될 테고, 그것이 동·식물을 통해서 인체에 유입될 가능성이 있는데 최소한 모니터링이라도 해야 하지 않을까 걱정이 된다.

현재, 각종 포털 사이트나 스마트폰 앱 등을 통해 실시간으로 방사선 수치를 보여주고 있긴 하지만, 사실 대기 중의 방사성 물질의 농도 측정보다 더 무서운 것은 물이나 음식을 통해서 우리 몸으로 유입되는 방사성 물질이다. 소량이라도 없어지지 않고 계속해서 몸속에 쌓이는 방사성 물질이 내부에서 방사선을 내뿜는 게 훨씬 더 큰 위험을 야기할 수 있기 때문이다. 그런데 식수, 식품에 대해서는 모니터링을 전혀 하지 않으니 그것이 얼마나 오염되었는지 알 수가 없다.

예를 들어 물의 경우를 살펴보면, 세계보건기구는 연간 0.1밀리시버트(mSv) 이하를 권장하는데 반하여 캐나다는 연간 0.08밀리시버트 로서 세계보건기구의 기준치보다 낮다.

그런데 우리나라의 경우는 이 기준치마저 아직 정해지지 않은 상태이다. 이렇게 방사성 물질에 대한 기준치도 국가마다 약간씩 차이를 보이고 있다. 그리고 상황에 따라서 이 기준치는 변하고 있다. 미국의 방사선방호위원회(NCRP)는 기준치를 1910년대 이후 여섯 차례에 걸쳐서 기준치를 지속적으로 낮추었다. 의학의 발달에 따라서 낮은 선량의 방사능에도 피해가 있다는 증거들이 새롭게 발견되고 있기 때문이다. 우리나라도 최근 들어 먹는 물에 대한 기준치와 음식물들에 대한 허용기준치를 정하겠다고 발표했는데, 이 역시 허용기준치가 국가가 처한 상황에 따라서 정해진다는 사실을 보여주고 있다.

국립학술원이 2006년 발간한 〈저수준 전리방사능의 노출로 인한 건강 위험: 베어세븐(BEIR VII phase 2)〉 보고서에 따르면, 방사선량이 일정 수준을 넘지 않으면 우리 몸에는 나쁜 영향을 주지 않는다는 주장이 틀린 것임을 명백히 보여준다. 방사능이 건강에 위험을 미치는 수준에는 허용치가 존재하지 않고, 방사능 양에 따라서 비례적으로 증가한다는 사실이 이 보고서의 핵심이기 때문이다.

방사능 허용기준치를 믿을 수 있을까?

한국원자력문화재단이 20011년 4월 27일 서울 프레스센터에서 개최한 '원자력안전 대토론회'에서 전문가들은 모두 일본 원전사태와 관련한 국내 방사능 피해의 우려 목소리는 과장된 것이라고 주장했다. 노병환 한국원자력안전기술원 방사선안전본부장은 "국내 빗물 속의 방사성 요오드 최고치는 리터당 2.81베크렐로 이는 백두산 천지(약 20억 톤)에 1.2밀리그램의 방사성 요오드가 녹아있는 것과 같은 농도"라며 "이 같은 농도를 가지고 과연 '방사능비'라는 표현이 가능한지가 의문"이라고 말했다.

전문가들은 대부분 방사능 허용기준치를 가지고 인체에 대한 영향을 얘기하는데 과연 허용기준치 이하라면 인체에 미치는 영향이 없을까? 김익중 동국의대 교수의 인터뷰 자료를 보면 조금 더 생각해볼 여지가 있을 것 같다.

방사능 허용기준치는 순수하게 의학적으로만 판단되는 것이 아니다. 따라서 인체에 미치는 영향은 별도로 평가해야 할 것으로 보인다. 이 문제에 대해서는 세계보건기구와 미국의 국가연구위원회(National Research Council)가 내놓은 보고서가 판단에 도움을 준다. 이 두 기구에 의하면 방사능과

암 발생은 비례 관계가 있으며, 피폭량이 증가함에 따라서 암 발생도 증가한다고 한다. 또한 이런 현상은 이른바 허용기준치 이하의 저농도 노출에서도 마찬가지라는 것이다. 이 이론을 '선형 무역치 모델(LNT, Linear No-Threshold Model)'이라고 부르는데, 이는 이른바 '호메시스 이론(Hormesis)'과 대치하고 있다.

호메시스 이론은 핵산업계의 막대한 자금지원을 받아서 이루어진 연구들을 바탕으로 만들어진 사이비 이론으로서 의학적 사실과 거리가 멀다. 적은 양의 방사선은 건강에 이롭다는 주장이 그 대표적인 예이다.

호메시스 이론의 가장 중요한 오류는 특정 기준치 이하의 방사능 노출은 건강에 전혀 해를 끼치지 않는다는 주장이다. 다시 말해서 암 발생과 방사능 피폭 사이에는 역치가 있어서 이 역치 아래에서는 인체에 해를 끼치지 않는다고 주장하고 있다. 또 다른 오류는 호메시스 이론의 연구결과들이 세포 수준, 혹은 실험동물의 데이터 밖에 없고, 인체에 대한 연구결과들이 없다는 것이다. 세포실험이나 동물실험을 이용한 연구결과 중에서 자신들에게 이로운 데이터만 선택하여 만든 이론이라고 볼 수 있다. 호메시스 이론가들에게 정상적인 연구자들은 이렇게 말한다.

“인체에 대한 데이터를 가져오면 진지하게 살펴보겠다.”

세계보건기구와 미국정부기관들은 이런 호메시스 이론을 받아들이지 않고 있다. 수많은 증거들이 호메시스 이론이 주장하는 역치 아래에서도 암 발생이 증가한다는 사실을 보여주고 있기 때문이다. 세계보건기구와 국제방사선방호위원회는 평상시 인체허용기준을 연간 1밀리시버트로 권고하고 있다. 또한 먹는 물의 허용치를 연간 0.1밀리시버트로 권고하고 있다. 물을 통해서 인체에 들어오는 방사능을 전체 피폭량의 약 10퍼센트라고 계산했기 때문이다. 그러면서도 이 두 기관은 이정도의 피폭량은 1만 명 중 1명이 암에 걸리는 정도의 위험이라고 설명하고 있다. 즉, 이 기준치는 우리나라에서 4,500명의 새로운 암환자를 더 발생시킬 정도라는 것이다. 이렇게 공식적인 국제기구들은 인체허용 기준치를 제시하면서도 그 위험성을 객관적으로 평가해두었다. 이로써 우리는 인체 허용기준치가 의학적인 안전 기준이 아니며 사회적 합의에 의해서 만들어진 임의의 숫자임을 알 수 있다.

다시 한 번 상기하지만 세계보건기구와 국제방사능방호위원회는 기준치 이하에서도 암 발생이 증가한다고 말하고 있다. 즉, 현재의 기준치는 의학적인 의미의 안전기준이 아닌 것이다.

일본 후쿠시마 원전 사고에 따른 건강상 염려에 대한 대한의사협회의 권고문

일본의 지진과 지진해일로 인한 후쿠시마 원자력발전소 사고의 여파로 서울을 비롯한 전국 12개 측정소에서 방사성 요오드가, 그리고 춘천 및 대전 지역에서의 방사성 세슘134 및 137, 강원지역에서만 측정하여 검출된 제논 등이 매우 적은 양이나마 속속 확인되면서, 국민의 우려가 높아지고 있다.

지금까지 검출된 양은 극미한 수준이며 현재로선 건강상 우려할 수준이 아니라고 전문단체 및 전문가의 발표가 잇따르고 있으나, 국민의 우려가 큰 만큼 잘못된 정보도 온·오프라인 상에서 전해지고 있다.

이에 대한의사협회는 국민의 건강과 생명을 책임지는 전문가단체로서, 국민에게 방사능 물질과 건강과의 연관성에 대한 정보를 안내하는 한편, 현 상황에 적합한 권고사항을 제시하고자 한다.

1. 국내 방사능 검출 양과 건강에의 유해성 관련

현재로선 건강상 유해한 방사능 물질로 알려진 방사성 요오드 및 세슘 모두 검출량이 극히 미량이라 인체에 영향이 없는 수준이다.

방사성 요오드의 경우, 일반인에게 연간 허용되는 방사선량 한도인 1밀리시버트(mSv)의 약 20만분의 1에서 3만분의 1 수준으로 인체에는 무해하며, 세슘은 연간 방사능 허용치의 8만분의 1 수준이다.

즉, 현재 측정된 방사성 물질 농도와 방사선량은 맑은 날 등산을 하며 받는 방사선보다도 안전하다고 알려져 있다.

또한 이를, 국내에서 검출된 방사성 물질의 최대치 기준으로 흉부 방사선 검사시 노출되는 수준과 비교하면, 방사성 요오드는 1,000분의 1, 방사성 세슘은 3,000분의 1 수준으로 알려져 있음을 고려할 때, 역시 염려할 수준이 아니다.

2. 방사성 요오드 및 세슘 등이 인체에 미치는 영향

국내 검출된 방사능 물질로서 매우 극미한 양이나 국민의 우려를 고려, 인체에 대한 영향을 살펴보면, 요오드는 갑상선 호르몬에 이상을 일으킬 수 있으며, 세슘은 근육(90퍼센트)과 뼈, 간, 기타 장기에 붙어 유해한 영향을 미칠 수 있다.

방사선 피폭시 인체에 나타나는 기타 급·만성 증상이 알려져 있으나, 국내 방사능 검출량이 극미한 상태에서 급·만성의 전신적·국소적 인체 위험 가능성을 우려하는 것은 불필요하다.

3. 국민이 알아야 할 국내 검출 방사능 관련 안내 및 권고안

① 방사능 피폭이 의심되면 어떻게 해야 하나?

- 방사능 피폭이 의심되면, 의복 등 오염된 물체를 제거하고 오염 추정 부위를 깨끗이 씻는다.
- 일본 등에서 돌아온 사람이 방사성 물질에 오염되었다고 해도, 오염된 옷이나 신발 등을 잘 제거하면 다른 사람에게 해를 주지 않는다.
- 비가 올 경우, 지금까지 국내에서 검출된 방사성 물질의 농도는 인체에 해를 끼칠 수준이 아니며, 빗물에 포함된 양 역시 극미하다. 우산, 비옷 등의 착용 없이 비를 맞고 염려가 되는 경우, 비에 젖은 옷을 세탁하고 샤워를 하면 된다.
- 마찬가지로, 국내에서 검출된 방사성 물질의 농도는 외출을 삼가거나 마스크를 쓰고 다니는 등의 생활에 변화를 줄 만큼 높지 않다.

② 농·수산물, 일본산 수입식품은 안전한가? 그리고 주의사항은?

많은 양의 방사성 물질에 노출된 음식을 섭취하면 구토·탈모 등과 같은 급성방사선증후군이 나타날 수 있다. 식약청에 의하면, 급성방사선증후군은 전신이 1시버트(Sv) 이상의 용량에 노출된 이후 나타난다고 한다. 1시버트는 자연적으로 1년간 노출되는 방사선량의 약 300배 수준인데 이러한 노출로, 몸 안에 축적된 방사성물질은 주변 세포를 파괴하거나 돌연변이를 일으켜 암 등 유전병을 유발하게 된다.

하지만 국내 식품의 경우 우려할 수준이 아니며, 다음과 같은 사항을 참고하도록 한다.

● 채소 : 채소 등은 잘 씻어 먹도록 한다. 방사성 물질은 식물의 표피를 뚫고 들어가지는 못하기 때문에 잘 씻어내기만 하면 안전하다.

● 수산물 : 일본산 수산물에 방사능 오염이 현실화되고 있다고 하지만, 농식품부가 국내산 어종 19건에 대해 검사한 결과 요오드 세슘 등 방사능 물질이 검출되지 않았고, 태평양 연안산 주요 수입어종 6건에 대한 방사능 검사 결과도 안전한 것으로 확인됐다. 방사능이 해류를 타고 동해로 유입되기까지는 많은 시간이 소요되며, 영향도 미미

하다.

- 우유 : 국내에서 국산 우유의 방사성 물질을 시금치의 방사성 물질과 함께 검사해 본 결과, 최고치가 2.5베크렐에 불과해 방사능 오염 공포는 기우라고 알려져 있다.

- 일본산 수입식품 : 일본 원전 사고 현지에서 생산되는 농산물에 대해서는 잠정 수입 중단 조치된 바 있다. 그 이외에 일본에서 수입되는 식품들에 대해서는 방사능 피폭 여부를 철저히 검사하게 돼 있고, 검사결과는 식약청 홈페이지를 통해 알 수 있다. 세관을 통해 정식 수입된 것은 지나치게 걱정하지 않아도 되며, 모든 수입품에 대한 지속적인 방사능 검사를 믿고 이의 결과에 따른 조치를 준수할 필요가 있다.

③ 방사성 요오드로 인한 피해를 막고자, 예방적 요오드화칼륨의 섭취가 필요한가?

방사성 요오드는 대부분 호흡을 통해 몸 안으로 들어와 갑상선에 모이는데, 갑상선에서 방사성 요오드는 감마선이나 베타선을 방출하며, 이로 인해 장기가 피폭된다.

요오드화 칼륨(KI)은 방사성 요오드를 직접 흡입하기 24시간 전에 섭취, 갑상선에 요오드의 양을 포화시켜 방사성 요오드가 갑상선에 들어오는 것을 막는 방법이다. 100밀리시버트 이상으로 오염된 경우가 아니라면 안정화요오드를 복용하지 않는다. 복용이 필요한 경우 정부 당국의 지침에 따라 복용해야 한다.

방사능 요오드에 노출시 방사능 피폭을 막는 데 필요한 요오드양은 1일 권장량인 0.075밀리그램보다 1,733배 많은 130밀리그램이다. 10일 이내 총 1그램을 넘지 않도록 기준이 정해져 있다. 과다 사용할 경우 피부발진, 침샘부종이나 염증, 요오드 중독증과 같은 부작용이 발생할 수 있기 때문이다.

하지만 국내에서 검출된 방사성 요오드의 양은 매우 적어 건강과 환경에 거의 영향이 없으므로 과민반응을 보일 필요가 없는데다, 요오드131의 반감기는 8일로 비교적 짧아, 방사성을 빨리 잃는 특징을 가지고 있다. 따라서 국내에서 예방적 목적의 요오드화 칼륨 사용의 필요성은 없다.

또한 요오드가 함유된 미역, 다시마의 섭취도 그 요오드 함유량을 감안할 때, 예방적 효과는 미미하므로 권하지 않는다. 다시마의 요오드 함량이 100그램당 0.24밀리그램이고, 자연식품으로 하루 2~3밀리그램(1일 요오드 섭취 권장 상한) 이상의 요오드를 복용하기도 쉽지 않다.

④ 임산부, 어린이에 대한 방사능 노출에 의한 위험은?

방사능 노출로 인한 위험은 방사선 노출량과 노출시간에 따라 위험 정도가 달라지지만, 나이가 적을수록 암 발생 확률은 높아진다. 또한, 원전 사고 지역에서 임신 초기에 방사능에 노출된 피해자의 2세들은 정신 지체와 인지기능 저하를 나타냈다는 보고가 있다.

하지만, 국내에서 지금까지 검출된 양은 극미한 수준으로, 임산부나 어린이들조차 걱정할 필요가 없는 수준이다.

또한, 임산부는 음식 섭취를 비롯한 일상생활에서의 보건위생에 주의해야겠지만, 방사능과 관련, 과도한 공포감은 스트레스를 가져와 태아의 성장과 발달에 오히려 영향을 줄 수 있기 때문에, 두려워하지 않는 것이 모체와 태아의 건강에 좋다.

특히, 요오드가 든 약품을 찾는 사람들 중, 임산부가 많다고 하는데 이는 태아에게 해가 되는 일임을 알아야 한다. 즉, 요오드 섭취량이 너무 많으면 오히려 병을 일으킬 수 있는데, 임신부는 하루 섭취 제한량의 3배에 이르는 10밀리그램만 섭취해도 태아에게 갑상선 기능 저하증, 지적 장애 등의 부정적 영향을 초래할 수 있으므로 유의해야 한다.

⑤ 방사성 물질의 확산과 영향력에 대처하는 정부, 국민, 그리고 전
   문가단체의 역할

일본에서의 원전 사고로 인한 방사능 유출과 관련, 피해를
우려하는 일반국민의 정서를 이해할 수 있다.

이에, 정부는 방사성 물질의 확산과 영향력에 대한 정보를
신속하고도 정확하게 국민에게 알리고, 관련 부처가 합심해
서 컨트롤 타워로서의 역할을 해야 할 것이다.

국민은 유언비어나 비공식 정보보다는 정부의 발표와 대책
에 귀를 기울이고 신뢰를 보내야 할 것이다. 또한, 전문가단
체는 각 분야에서의 전문적 지식을 활용, 정부대책과 국민
의 현명한 대처 마련을 위해 조언해야 할 것이다.

대한의사협회 역시, 국민의 생명과 건강을 지키는 전문가단
체로서 방사성물질의 확산과 건강에 대한 영향력에 관해,
국민에게 정확한 정보를 지속적으로 제공할 것이다.

2011. 4. 5.
대한의사협회

4

국내 원자력 발전 현황과 안전 관리

우리나라는 1958년 공표한 원자력법을 기반으로, 에너지의 안정적 수급을 위해 원자력발전을 도입했다. 1978년 4월, 고리원전 1호기가 첫 상업운전을 시작한 이후 원자력발전소를 지속적으로 건설해왔고, 현재 총 21기의 원자력발전소를 운영하고 있다. 설비용량은 1,872만 킬로와트(KW)로 미국, 프랑스, 일본, 러시아, 독일에 이은 세계 6위의 규모이다. 2009년도의 국내 원자력발전량은 1,478억 시간 당 킬로와트(kWh)로 국내 총 발전량의 34.1퍼센트를 차지했으며, 이는 서울 시가 약 3.5년간, 국내 전 가정이 약 3년간 사용할 수 있는 전력량에 해당한다.

현재 가동 중인 21기의 원자력발전소는 4개 지역에 나뉘어 있다. 우리나라 최초로 상업운전을 시작한 고리원자력발전소(5기)는 부산시 기장군에, 국내 유일의 가압중수로형의 월성원자력발전소(4기)는 경주, 영광원자력발전소(6기)는 전남 영광군, 울진원자력발전소(6기)는 경북 울진군에 자리했으며, 모두 해안 지역에 위치하고 있다. 이 외에 신고리 2~4호기, 신월성 1, 2호기, 신울진 1, 2호기 등 총 7기의 원자력발전소를 건설하고 있다.

원자력 발전의 원리

모든 물질을 구성하는 원자는 양성자와 중성자로 된 원자핵과 그 주위를 돌고 있는 전자로 구성된다. 우라늄, 플루토늄과 같이 무거운 원자핵이 중성자를 흡수하면 원자핵이 쪼개지는데, 이를 핵분열이라고 한다. 무거운 원자핵이 분열하면 많은 에너지와 함께 2~3개의 중성자가 나오고, 이 중성자가 다른 무거운 원자핵과 부딪치면 또다시 핵분열이 일어난다. 이런 식으로 계속해서 핵분열이 이어지는 것을 핵분열

연쇄반응이라고 하며, 이 과정에서 생기는 막대한 에너지가 바로 원자력이다. 우라늄 1그램이 분열할 때 생기는 에너지는 석유 9드럼, 석탄 약 3톤이 완전 연소할 때 생기는 에너지와 맞먹는다. 즉, 우라늄은 석탄보다 약 300만 배의 열을 낸다고 할 수 있다. 원자력발전은 이 열로 만든 증기의 힘으로 터빈을 돌려 전기를 일으키는 것이다.

국내 원자력 발전소의 특징

원자력발전소의 핵심 설비인 원자로는 크게 '경수로'와 '중수로'로 나누고, 핵분열을 일으키는 중성자를 감속시키는 감속재와 에너지를 이용하는 방법 등에 따라 가압경수로(경수로), 가압중수로(중수로), 흑연로, 비등경수로, 고속증식로(증식로) 등으로 구분한다.

중수로는 연료로 천연우라늄을, 감속재로 중수를 사용하며, 경수로는 연료로 농축우라늄을, 감속재로 경수를 쓴다. 국내에서는 가압경수로와 가압중수로 2가지 형태의 원자로를 운영 중이다. 총 21기의 원자로 중 17기(울진 6, 고리 5, 영광

6)가 가압경수로이며 월성의 4기는 가압중수로이다.

가압경수로

현재 세계 원전의 60퍼센트 정도를 차지하고 있는 원자로형이다. 냉각재와 감속재로 일반 물인 경수(H_2O)를 사용하며, 연료로는 핵분열이 가능한 우라늄235가 2~5퍼센트 들어 있는 저농축우라늄을 사용한다. 냉각재(물)에 높은 압력을 가해 고온(약 300도)에서도 액체상태를 유지하도록 하며, 이것이 열교환을 통해 2차 계통의 물을 증기로 만든다.

　가압경수로는 원자로와 증기발생기가 격납건물 안에 있으며, 원자로를 순환하는 1차 계통(방사성물질 포함), 증기발생기를 순환하는 2차계통(방사성물질이 들어 있지 않은 물), 그리고 복수기를 순환하는 3차계통(방사성물질이 들어 있지 않은 바닷물)으로 구성되어 있다. 원자로 속에 들어 있는 냉각재에 압력을 가해 150기압 300도 정도를 유지하고, 이 냉각재가 증기발생기 세관을 통과하면서 증기발생기 측의 물을 끓여 수증기를 만들어 터빈을 돌리게 되어 있다. 터빈을 돌리고 난 증기는 복수기를 통과하면서 다시 물이 되어 증기발생기로 보내진다.

비등경수로

가압경수로와 더불어 비교되는 것이 비등경수로이다. 전체 원전의 22퍼센트 정도를 차지하고 있으며, 일본 후쿠시마에서 사용된 원전형태이다. 냉각재와 감속재로 경수를 사용하며, 연료로 우라늄235가 2퍼센트 들어 있는 저농축우라늄을 사용하고 있는 점은 가압경수로와 유사하다. 그러나 가압경수로는 증기발생기에서 열교환되어 터빈, 발전기를 구동시켜 전기를 생산하는 반면, 비등경수로는 원자로에서 발생한 증기가 직접 터빈, 발전기를 구동시켜 전기를 생산하는 구조라는 차이가 있다.

가압경수로는 원자로에 물이 가득 차있으므로 연료봉 온도가 천천히 상승하며, 제어봉이 원자로 위쪽에 설치되어 있어 전력공급이 중단되어도 중력에 의해 동작하고, 격납용기가 크므로 만약의 경우 대처 시간이 충분하다는 안전 상의 장점을 가지고 있다. 반면에 비등경수로는 가압경수로와 달리 냉각재가 직접 비등해 증기가 되므로 높은 압력을 유지할 필요가 없다는 장점이 있으나, 원자로 계통과 터빈 계통이 완전히 분리되지 않아서 방사선 차폐가 어렵다는 단점이 있다.

가압중수로

캐나다에서 개발하여 캔두(CANDU)라고도 불리는 원자로로 냉각재와 감속재로 중수(D_2O)를, 연료로는 천연우라늄을 사용하는 것이 특징이다. 천연우라늄을 연료로 쓰고 있어 핵분열 확률을 높여주기 위해, 감속재로 경수보다 중성자의 속도를 더 잘 감속시켜주는 중수(보통의 물보다 분자량이 큰 물)를 사용한다. 보통 별도의 운전정지 없이 매일 일정량을 교체하기 때문에 경수로보다 연료의 이용률이 높다.

원자력 발전소 안전 관리와 원자력 발전의 미래

원자력 발전의 가장 큰 취약점은 방사선이 나오는 데 있다. 때문에 원자력발전소에서는 운전 중은 물론 정지 시에도 방사선 및 방사성폐기물 등을 철저하게 관리하고 있다. 원자력발전의 안전 개념은 운전 중에 이상이 발생하지 않도록, 이상이 생겨도 사고로 확대되지 않도록 하며, 만에 하나 사고가 발생하더라도 주변에 영향이 없도록 하는 것이다. 원자력의 생산과 이용에 따른 방사선 재해로부터 국민을 보호하기 위해 설립된 한국 원자력 안전기술원에서는 홈페이지(www.kins.re.kr)를 통해 방사능 방재대책에 대한 내용을 제공하고 있다.

원전기술 자립을 위해 우리나라 자체 기술로 개발한 가압경수로형 원전인 한국 표준형 원전은 세계 최고의 운영 실적과 풍부한 건설 및 운영경험을 바탕으로 한 국제경쟁력을 가지고 있다. 발전소 운영능력을 나타내는 이용률(연간 총 발전량 / 설비용량 × 24시간 × 365일) 면에서도 세계 평균(79.4퍼센트)을 훨씬 뛰어넘는 93.3퍼센트(2008년)를 기록하는 등 세계 최고 수준의 안전성과 운영능력을 보여주고 있다. 우리나라의 원자력발전은 원전의 설계부터 기기제작, 건설, 연료, 운영 및 유지보수까지 전단계(Nuclear Life Cycle)에 걸쳐 강력한 공급체인을 보유하고 있으며, 차세대 수출 산업으로 떠오르고 있다. (자료: 한국원자력문화재단)

5

방사능 유출 사고가
발생했을 때
어떻게 해야 할까?

2011년 3월에 일본 동북부 해역에서 발생한 쓰나미의 여파로 일어난 일본 후쿠시마 원전 사고가 초기 대응에 실패하면서 일파만파 확대되고 있다. 많은 양의 방사능이 유출되었고, 심지어 우리나라에서도 방사성 물질이 검출될 정도로 사고의 여파가 커지고 있다. 이 사고가 앞으로 얼마나 더 큰 피해를 일으킬지, 원만하게 잘 수습될지는 현재로서는 알 수가 없다. 심할 경우 체르노빌 사고 때처럼 오랜 기간 죽음의 땅이 될 수도 있는 심각한 상황이다.

과연 이 엄청난 사고가 우리 몸에는 어떤 영향을 끼칠까? 방사성 물질이 인체에 끼치는 영향을 정확하게 아는 사람은 거의 없다. 그 때문에 사람들은 더욱 두려워하고 있다. 잘 모르는 것, 막연하게 다가오는 두려움이 더 큰 공포이기 때문이다.

원자력 발전은 우리의 삶을 윤택하게 해주는 에너지원이지만, 엄청난 피해를 몰고 올 수 있는 위험한 재앙이기도 하다. 그래서 여러 겹의 방호벽을 비롯한 다양한 안전장치를 설비하고 있지만, 안전문제는 여전히 중요한 문제로 남아 있다. 원자력 발전을 중요한 에너지원으로 계속해서 사용하기 위해서는 이러한 안전문제를 완벽하게 해결해야 한다. 그리고 만일의 사태가 일어났을 때 최소한의 피해로 극복할 수 있도록 평소에 안전대책에 대해 철저하게 연구하고 대비해야 할 것이다.

방사능이 인체에 주는 영향

방사능은 눈에 보이지 않는 미세 먼지와 같은 상태로 날아온다. 대기와 식수, 식물 등을 오염시켜 사람들에게 간접적인 영향을 끼친다. 여기에서 어느 정도의 방사능이 몸에 해를 끼치는가, 또 방사능이 우리 몸속으로 들어왔을 때 어떤 피해를 입을 수 있는지 미리 파악하는 것이 중요하다. 미국에서 1979년에 일어난 스리마일 섬 원전 사고 당시 발전소 주변에 살고 있던 사람들은 공기에서 '금속 같은 냄새'가 났다고 전하고 있다. 그러나 멀리 떨어져 있는 곳에서는 냄새도 맛도 느낄 수 없다. 방사능은 색도 냄새도 맛도 없기 때문이다. 일단 방사능 경보가 발령되면 각종 매체나 인터넷을 통해 방사능 수치를 파악하고 우리에게 위험을 줄 수 있는 양인지 아닌지 판단을 해야만 한다.

방사선 장해의 종류

신체적 장해	급성 장해	대량의 방사선에 노출된 경우 발생 피부염, 불임증, 구토, 전신마비, 탈모, 사망 등
	만성 장해	소량의 방사선에 노출된 경우. 바로 증상이 나타나지는 않지만 오랜 기간의 잠복기를 거친 후 발병할 수 있다. 피부염, 암, 백내장, 불임증, 빈혈, 기형아 출산
유전적 장해		유전자 돌연변이, 염색체 이상 세대를 거쳐 각종 유전병 기형아 출산

인체는 보통 6,000~7,000베크렐(Bq)의 방사능을 가지고 있다. 이는 인체에 포함되는 칼륨 40(칼륨은 생물의 체내에 존재하는 주요한 원소이지만, 천연 칼륨 중 0.01퍼센트는 반감기가 무려 2억 5천만 년이나 되는 방사성의 칼륨이다. 음식물을 통하여 체내

에 들어와 베타선을 내는, 자연방사능에 의한 피폭의 대표적인 원소)이라는 방사성 물질 때문에 생겨난 것이다. 물론, 이 정도의 방사능이면 인체에 미치는 영향은 거의 없다. 일반적으로 실험이나 연구에서 이용하는 방사능은 1메가베크렐(10^6베크렐)이다. 단, 방사능이 1기가베크렐(10^9베크렐)를 넘으면 인체에 나쁜 영향을 초래할 수 있다. 한편, 1베크렐의 방사능이라도 매초마다 1씩 방사선을 발생하기 때문에, 장기적으로는 유전자를 손상시킬 수도 있다는 견해도 있으므로, 일단 방사능은 무조건 피하는 것이 좋다.

보통 사람이 일상생활에서 받는 자연 방사선의 양은 1년 동안 12밀리시버트. 건강검진에서 하는 흉부 X레이 촬영은 1회에 0.1밀리시버트 정도라고 한다. 인체가 다량의 방사선에 노출되면, 세포나 유전자에 피해를 입고 조직이나 장기의 기능이 나빠지는 등 다양한 병의 원인이 된다. 특히 새로운 세포를 만들기 위해서 분열을 반복하는, 피부, 소화 점막, 골수의 세포에도 큰 영향을 끼칠 수 있다.

그렇다면 과연 방사능에 어느 정도 노출되면 직접적인 건강 피해를 입는 걸까?

직접적인 건강 피해를 입는 것은 한 번에 100밀리시버트의 방사선을 전신에 받았을 경우이며, 높은 확률로 암이 발생할 수 있다. 500밀리시버트를 받으면 구토가 발생하고 혈중의 림프구가 감소한다. 그리고 6,000밀리시버트 이상을 받으면 100퍼센트의 확률로 사망한다. 실례로 체르노빌 사고가 일어났을 때 원전 직원들의 피폭량이 6,000밀리시버트였는데, 한 달 이내에 모두 사망했다.

참고로, 방사능은 인간의 생식기능에도 지대한 영향을 끼친다. 남성의 경우, 150밀리시버트를 받으면 일시적으로 정자의 수가 감소하고, 3,500밀리시버트를 받으면 정자가 만들어지지 않게 된다. 여성의 경우는 3,000밀리시버트로 불임에 걸릴 가능성이 생긴다.

방사능에 직접적으로 노출되었을 경우에는, 먼저 외부에 부착된 방사성 물질을 깨끗하게 씻어내야 한다. 하지만 직접 노출된 피부는 수주일 후에 화상과 같은 증상이 나타날 수 있다. 치료도 화상치료와 동일하다. 만일, 체내에 들어갔을 경우에는 흡수된 방사성핵종과 결합해서 조직 안에서 몸 밖으로 배출시키는 킬레이트제 요법을 이용한다.

현기증이나 멀미와 같은 증상이 생기는 경우도 있는데, 그럴 때는 멀미약을 먹거나 링거를 맞으면 된다. 심한 경우에는 위나 장이 짓무르기도 하기 때문에 감염증을 막기 위한 항생 물질을 투여하기도 한다.

문제가 되는 것은 방사능 노출이 골수까지 이르렀을 경우이다. 혈액을 만들 수 없게 되어 사망할 우려가 있는 최악의 상황에서는 골수 이식이나 제대혈 이식 등이 필요하다.

피폭 위험도

단위 mSv (밀리시버트)	증상 및 내용
0.1	흉부 엑스레이
1.0	일반인 연간 피폭량 한도(자연방사선과 치료 목적 제외)
2.4	자연 상태 일반인의 연간 평균 피폭량
9.0	뉴욕~도쿄 간 비행기 승무원의 연간 피폭량
10	전신 CT스캔
50	방사선 업계 종사자의 연간 허용 기준(단, 5년간 100이하)
100	암 발생 위험
250	백혈구 감소
350	체르노빌 원전 사고 당시 주민 이주 권고 기준
400	2011년 3월 15일 후쿠시마 원전 최대 방사선 검출량
1,000	암 발생 증가, 구토 발생, 림프구 감소
2,000	출혈, 탈모, 피폭자의 5퍼센트 사망
5,000	한 달 안에 피폭자 절반 사망
6,000	체르노빌 사고 한 달 안에 사망한 원전 직원들의 피폭량
1,0000	몇 주 안에 사망

자료 : 세계보건기구, 세계원자력협회, 한국원자력문화재단

내부 피폭의 무서움

　방사능으로 오염된 공기와 물, 음식을 먹게 되면 몸속에 방사성 물질이 쌓이게 된다. 이때의 강도는 외부에서 받는 양의 수십만 배에 달한다고 한다. 게다가 독성은 밖으로 배출되지 않고 몸속에 계속 남는다.

　방사선 피폭에는 외부 피폭과 내부 피폭이 있는데, 우리 몸에 더 큰 영향을 끼치는 것은 내부 피폭이다. 공기 중에 떠다니는 하나하나의 방사능은 많은 방사선을 내보내지 않는다. 하지만 호흡, 또는 오염된 물과 음식을 통해 신체 내부로 들어간 방사성 물질은 몸속에서 인체를 공격하는 무시무시한 괴물로 변한다. 예를 들어, 방사능이 내뿜는 알파선이라는 방사선은 종이 한 장도 통과하지 못할 정도로 약하다. 그러나 호흡 등을 통해 몸속으로 들어가면 직접, 몸 내부에서 주위의 세포를 공격하며 유전자에 상처를 입히는 악성 종양으로 바뀌는 것이다.

　방사선을 지속적으로 받은 세포는 암으로 변하기 쉽다. 일단 호흡기를 통해 방사능이 폐로 들어오면 혈액에 흡수되어 몸속을 돌아다니게 된다. 그러다 갑상선에 쌓이면 갑상선암, 폐에 쌓이면 폐암, 골수라면 혈액암(백혈병)이 된다.

조금 더 자세히 알아보면, 호흡기를 통해 대기 중의 방사성 물질을 흡입했을 경우, 해당 물질의 크기가 10마이크로미터(μm) 이상이면 기도에 침착하지만, 크기가 1마이크로미터 이하면 폐 속 깊숙이 들어가서 자리를 잡을 수 있다. 그리고 방사성 물질이 불용성인 경우에는 기도나 폐에만 머무르면서 피해를 주지만, 수용성인 경우에는 혈액으로 흡수되어 전신으로 퍼지며 신체 모든 곳에 영향을 미치게 된다.

현재, 우리나라를 비롯해 세계 각국이 두려워하는 것이 바로 이 내부 피폭이다. 과거 체르노빌의 사태를 보면, 원전이 폭발하면서 대기 중으로 방사성 요오드와 세슘, 라돈과 제논 가스 그리고 다양한 방사성 물질들이 대거 유출되었고 이는 러시아 국경을 넘어 유럽 전역으로 퍼져 나간 것으로 알려져 있다. 현재 최악의 사고 등급인 7등급으로 격상된 후쿠시마 원전에서도 다량의 방사성 물질들이 유출된 것으로 알려지면서, 우리나라와 인접 국가들은 분자 수준의 방사성 물질들이 바람을 타고 주변 지역으로 퍼져나가는 것을 두려워하고 있다.

원전 사고 때문에 일어난 방사능 오염에서 특히 심한 것이 방사성 요오드가 갑상선에 쌓여 생기는 갑상선암이다. 벨라루스 공화국에서는 체르노빌 사고 직후 갑상선암 발생자가

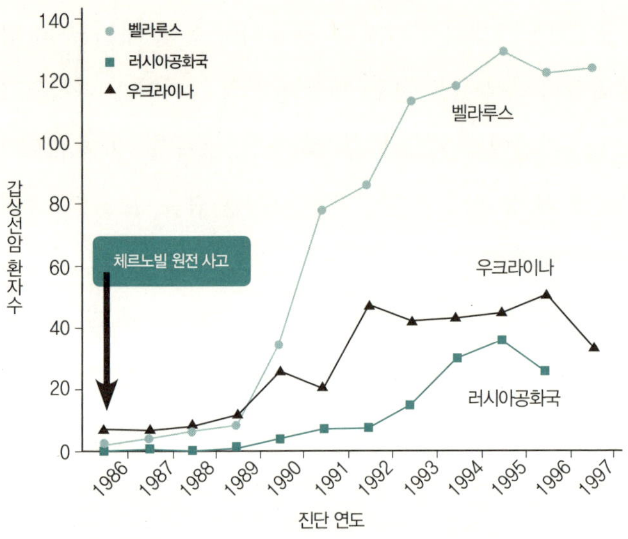

체르노빌 사고 이후 주변 지역 주민들의 갑상선암 발생수

현저하게 늘어났다. 체르노빌 주변에서는 그밖에도 건강 장애를 일으키는 보고가 지금도 끊이지 않고 나오고 있다. 예를 들어 발병하지 않더라도 암이 언제 발생할지 모른다는 불안감을 안고 살아가는 것이다.

우크라이나 정부는 유전 장애가 걱정된다는 이유로 피폭한 부부에게 아이를 만들지 말라고 정부 차원에서 요구하고 있는 실정이다. 백혈병이나 갑상선암뿐만 아니라 소아당뇨병도 보고되고 있는데, 아직 정확한 인과관계는 증명하지 못하고 있는 실정이다. 체르노빌 사람들은 엄청난 정신적 충격을 받고 많은 사람들이 우울증과 정서불안증 등 다양한 정신 장애를 겪고 있다.

방사성 물질이 내부로 흡수되어 내부 피폭이 의심되는 경우에는 해당 물질의 배출에 도움을 주는 약제를 이용해 이를 외부로 배출시키거나 방사성 물질이 신체에 침착되는 것을 방지하는 치료를 해야 한다. 최근 후쿠시마 원전의 방사능 유출 때문에 사람들이 관심을 가지게 된 요오드화칼륨이 이런 내부 피폭, 특히 방사성 요오드에 의한 갑상선의 내부 피폭을 막는 작용을 한다. 방사능 오염이 예상될 때, 요오드화칼륨을 복용하면, 이들이 미리 갑상선에 자리를 잡아 이후 방사성 요오드가 몸속으로 들어오더라도 기존에 자리 잡은 요오드 때문에 방사성 요오드가 그대로 배출되는 것이다.

요오드화칼륨은 방사성 요오드가 몸속으로 침투하기 전에 미리 섭취하는 것이 가장 좋지만, 만일 방사능에 노출되더라도 3시간 이내에 섭취하면 큰 효과를 볼 수 있다. 단, 요오드화칼륨 자체가 발진, 발열 및 관절통, 출혈성 피부 손상, 구토 등의 위장증상 등 다양한 부작용을 일으킬 수 있기 때문에 전문가의 지도에 따라 신중하게 투여해야 한다.

원자력 사고로 방사능이 유출되었을 때 텔레비전이나 라디오, 민방위 경보망, 차량 가두방송 등을 통해 주민들에게 방사선 비상경보가 발령되었다고 신속하게 알려준다. 비상경보를 들었다면 곧바로 집으로 귀가해야 한다. 집에 가자마자 창문을 꼭 닫고 TV나 라디오를 통해 상황이 어떻게 진행되고 있는지 정보를 입수한다.

지진과 방사는 재해의 대응은 정반대라 할 수 있을 정도로 다르다. 지진이 일어난 후의 기본적인 대응은 '창문이나 문을 열어 안전을 확보한 다음, 진동이 멈추었을 때 밖으로 대피하는 것'이다. 하지만 방사능 재해가 일어났을 때는 '창문을 닫고 집밖으로 나가지 않는 것'이 중요하다.

그렇다면 이번 후쿠시마 원전 사고처럼 두 가지가 한꺼번에 일어날 때는 대체 어떻게 해야 할까? 방사능 물질이 도달하기 전에 가능한 한 멀리 대피하는 게 좋겠지만 여의치 않을 경우에는 방사능 대비 장비를 갖추고 가족과 함께 집에 있는 것이 좋다.

자동차로 이동하는 것은 힘들다

지진의 혼란과 함께 방사능 유출 사고까지 일어나면 주변 지역은 엄청난 패닉 상태가 될 것이다. 이번 후쿠시마 원전 사고 때문에 사람들이 가지고 있었던 원자력 발전이 '안전'하다는 믿음이 깨지고 말았다. 안전하다고 외쳐대는 일본 정부의 발표도 더 이상 신용하기 힘들어졌고 온통 불신감만 팽배해지고 있는 실정이다.

일단 원전 사고와 함께 규모 6 이상의 지진이 일어나면 철도는 거의 마비가 되기 때문에 열차로 이동하는 것은 힘들다. 그렇다고 자동차로 대피하는 것은 더욱 위험할 수 있다. 모든 사람들이 뛰쳐나와 도로는 거의 주차장처럼 변할 것이기 때문이다.

원전사고 후 1주일 동안은 집에 있는 것이 좋다

방사능 오염이 심각해진다는 경보가 발령되었을 때, 미리 준비해둔 대피장소가 없다면 집에서 대비를 하는 편이 낫다. 아무런 준비도 없이 밖으로 나가는 것만큼 위험한 일은 없다.

단, 집에 있을 거라는 각오를 한 이상 그에 상응하는 준비를 해야만 한다. 가장 먼저 해야 할 일은 식료품과 물을 확보하는 것. 평소 비상사태에 철저히 대비를 하는 사람이라면 문제될 일이 없겠지만, 그렇지 않은 사람이라면 당장 마트로 달려가 필요한 물품을 사와야 할 것이다.

집에 머무는 기간은 1주일 정도로 잡으면 된다. 원전 사고가 일어나고 1주일이 지나면 대략 사태의 방향성이 보이기 시작하기 때문이다. 이후의 대책은 그때 상황에 맞게 적절히 대응하면 될 일이다. 일단은 1주일 동안 다양한 정보를 모으며 살아남아야 한다.

식수의 확보는 최우선 과제

지진으로 인한 원전 사고는 일상생활에도 큰 영향을 미친다. 전기와 가스가 끊기고 심지어 수도가 끊길 수도 있다. 당장 수도가 끊기지 않더라도 시간이 지남에 따라 문제는 더욱 심각해질 수 있다. 방사능에 의해 식수원이 오염되면서 집으로 들어오는 수돗물 역시 오염될 수 있기 때문이다. 그럴 경우를 대비해서 방사능 분진이 혼입된 물을 깨끗하게 걸러주는 정수기가 필요하다. 집에 정수기가 없을 때는 수도배관을 연결하지 않고 간편하게 이용할 수 있는 휴대용 정수기 구입도 생각해보자. 100퍼센트 막아주진 못하지만 상당히 유용하다.

장기간 밖에 나가지 않고 집에서 머무르려면 음식은 필수이다. 전기가 끊길 경우에 대비하여 식재료는 쌀이나 라면 등 보존기간이 긴 식재료를 준비하는 것이 좋다.

외부 공기 유입을 막아야 한다

물과 음식을 확보했다면 다음은 외부 공기가 집안으로 들어오는 것을 가능한 한 막아야 한다. 창문을 닫았다고 외부 공기를 완전히 막을 수는 없다. 창문 틈으로도 상당한 양의 외부 공기가 들어오기 때문이다. 아파트에 거주할 경우 욕실의 환기구도 위험하다. 잊지 말고 환기구도 틀어막아야 한다.

그럴 때를 대비하여 준비해두어야 할 것은 틈새를 덮을 폴리에틸렌 시트와 시트를 고정할 박스 테이프이다. 시중에서 쉽게 구할 수 있으므로 미리 구입해 두자. 만일 이러한 물품을 준비하지 못했다면 주방에서 흔히 사용하는 크린랩과 일반 테이프로 대처한다.

창문과 환기구 등 모든 틈새를 잘 막았다면 절대로 방안에서 가스나 촛불, 담배 등 불을 사용하지 말아야 한다. 환기가 제대로 안 되기 때문에 질식할 우려가 있다.

창문을 막기 위해 준비해야 할 도구
폴리에틸렌 재질의 시트, 박스테이프, 가위 또는 칼,
필요물품이 없다면 주방용 크린랩과 스카치테이프를 준비한다

창문을 꼼꼼하게 막는 방법

피폭을 막기 위해서는 방사능 먼지를 제거하는 것이 가장 중요하다. 전기가 끊기지 않았다면 지속적으로 청소기를 돌려서 조금이라도 많이 제거하도록 한다. 단, 방사능 먼지는 크기가 너무나도 작기 때문에 일반 청소기로는 청소를 해봤자 대부분 배기구로 빠져나온다. 0.3나노 크기의 입자를 99.97퍼센트 이상 제거할 수 있는 헤파필터가 부착된 청소기를 써야 한다. 최근에는 이러한 청소기가 시중에 많이 나와

있으므로 어렵지 않게 구할 수 있다.

청소기 대신 초극세사 걸레를 이용해도 된다. 단, 사용 후에는 반드시 비닐에 잘 싸서 버려야 한다.

호흡기를 통한 방사능 오염을 막자

방사선 피폭은 외부 피폭과 내부 피폭으로 나뉜다. 이중 더 큰 영향을 끼치는 것은 내부 피폭이다. 앞에서도 언급했지만 하나하나의 방사능은 많은 방사선을 내보내지 않는다. 하지만 호흡이나 오염된 물과 음식을 신체 내부로 들어간 방사능은 몸속에서 인체를 공격하는 것으로 굉장히 까다로운 녀석으로 변한다. 예를 들어 방사능이 내뿜는 알파선이라는 방사선은 종이 한 장도 통과하지 못할 정도로 약하다. 하지만 호흡 등을 통해 몸속으로 들어가면 직접, 몸 내부에서 주위의 세포를 공격하며 유전자에 상처를 입히는 괴물 같은 녀석으로 바뀌게 된다.

방사선을 지속적으로 받은 세포는 암으로 변하기 쉽다. 일단 호흡기를 통해 방사능이 폐로 들어오면 혈액에 흡수되어 몸속을 돌아다닌다. 그러다 갑상선에 쌓이면 갑상선암, 폐에 쌓이면 폐암, 골수라면 혈액암(백혈병)이 되는 것이다.

심각한 내부피폭으로부터 몸을 보호하려면 먼저 가장 중요한 호흡기 침투를 막아야 한다. 방사능이 유출되었을 때를 대비하여 미리 방진마스크를 준비하도록 한다.

한편 외부 피폭은 방사선이 피부에 직접적으로 닿는 피폭을 말한다. 하지만 외부 피폭은 사고 지점에서 떨어져 있는 경우에는 거의 피해를 입지 않고, 만일 몸에 묻더라도 바로 씻으면 대부분의 방사능은 떨어져 나간다.

단, 상처가 있는 경우에는 상처를 통해 몸속으로 방사능이 침투할 수 있으므로 주의해야 한다. 반창고 등을 이용해서 상처가 밖으로 드러나지 않도록 대처해야 한다. 또 눈으로도 방사능이 침투할 수 있으므로 사고 주변 지역에 살고 있다면 미리 고글을 준비하는 것도 좋은 방법이다.

어느 정도의 기간 동안, 방진마스크나 고글이 필요한지는 조건에 따라 크게 달라진다. 원전 사고 후 10일 이상 지나면 대기 중의 대부분의 방사능은 여러 지역으로 확산된다. 그 이후부터는 땅으로 떨어진 방사능이 먼지나 흙, 물속으로 침투하여 2차 오염이 시작된다. 이때부터는 오염 지역의 야채나 동식물, 음료 등은 각별히 주의해야만 한다.

안전한 방진마스크를 구입해 둔다

이번 일본 후쿠시마 원전 사고로 우리나라에서도 다양한 방사능 대책이 많이 나오고 있는데, 그중에서 가장 기본적이면서도 쉽게 할 수 있는 대처 방안은 마스크를 착용하는 것이다. 그렇다고 아무 마스크나 상관없이 쓰기만 하면 되는 것일까? 일반 약국이나 마트 등에서 쉽게 구입할 수 있는 마스크로는 봄철에 자주 발생하는 황사도 막기 힘들다고 한다. 방사능으로 오염된 분진들을 제대로 막으려면 흔히들 방사능 마스크라고 하는 산업용 방진마스크를 써야만 한다. 물론 방진마스크라고 해서 모두 방사능을 100퍼센트 막아주는 것은 아니다. 아무리 좋은 마스크라도 얼굴과 마스크의 사이의 작은 틈을 통해 어느 정도는 들어오는 데다, 방진마스크에도 분진을 차단하는 방어율에 따라 등급이 나뉘기 때문이다.

우리나라의 한국산업안전보건공단(www.kosha.or.kr)에서는 방진마스크의 등급을 효율에 따라 2급, 1급, 특급, 이렇게 세 가지로 나누어서 용도에 맞게 사용하도록 권하고 있다. 언뜻 생각하기에는 당연히 효율이 높은 특급이 제일 좋아 보이지만 그만큼 필터의 구조가 빡빡해서 숨쉬기가 불편하다는 단점이 있다. 방사능 피폭 방지용으로는 1급 정도의 방진마스크를 착용하는 것이 안전하면서도 편리하다.

　방진마스크는 방사능 오염이 시작된 후에는 구입하기 힘들기 때문에 미리 준비하는 것이 좋다. 마스크의 유효기간은 종류에 따라 차이는 있지만 일반적으로 3년 정도이다. 꼭 방사능 오염 때문이 아니더라도 봄철의 황사나 각종 인플루엔자 유행기 등 일상생활에서도 필요할 수 있으므로 미리 알아보고 구입하자.

방사능비는 절대 맞으면 안 된다

사고 발생 후 적어도 10일 동안은 일기예보를 보면서 비가 오는지에 대한 여부를 면밀하게 관찰해야 한다. 원전 사고가 일어난 후에는 비가 자주 내릴 수 있다. 대기 중에 먼지가 많아지면 그 먼지가 응결핵이 되어 수포가 쉽게 생기기 때문이다.

　방사능 구름이 통과할 때 내리는 비는 굉장히 위험하다. 공기 중의 방사능을 포함한 먼지가 빗방울과 합쳐지면서 고농도로 떨어지기 때문이다.

　히로시마, 나가사키에 원자폭탄이 떨어진 후에 '검은 비'가 내렸다. 여기에서 검은 비란 원폭 낙진이 섞인 비를 의미한다. 그 비를 맞은 사람들은 이후 오랜 기간에 걸쳐 암과 백혈병, 기형아 출산, 유산, 탈모 등 각종 방사선 장해로 고통을 받았다. 그리고 피폭 생존자들에 대한 조사 결과 피폭량이 늘어날수록 암 환자도 많아졌다는 사실이다.

문제는 단순한 원전 사고 이후에 내리는 방사능비의 안전 여부이다. 후쿠시마 원전 사고 후 정부는 빗방울에 방사능이 포함되어 있긴 하지만 소량이기 때문에 인체에 피해를 주지 않는다고 발표했다. 그러나 중요한 점은 아무리 적은 양의 방사선이라도, 확률은 낮을지언정 암 발생을 일으킬 수 있다는 것이다. 게다가 태아나 임산부, 유전질환자 등 방사선에 민감한 사람에게는 피해가 나타날 수 있다.

비가 올 때 꼭 외출을 해야 한다면 모자가 달린 폴리에틸렌 재질의 우비를 입고 폴리에틸렌 재질의 장갑을 착용해야 한다. 신발도 장화나 방수가 되는 등산화로 갈아 신도록 한다. 만일 운동화밖에 없다면 비닐로 튼튼하게 감싼 후 고무줄로 잘 묶으면 된다.

그리고 귀가한 후에는 방사능으로 오염된 우비, 장갑, 장화 등을 곧바로 깨끗하게 씻어야 한다.

준비해야 할 배낭
(왼쪽 지진 대비용품,
오른쪽 원전사고 대비용품)
모자를 쓴다
방진 고글
방진마스크.
없으면 수건에
물을 적셔
2중으로 덮는다
폴리에틸렌
재질 우비
장갑을 끼다
비닐봉투로 신발을 감싼다.
미끄러짐 방지를 위해 고무줄로 감아둔다

외출 시 복장

다시마, 미역 등 요오드화칼륨이 함유된 음식을 자주 먹는다

방사능 노출로 인한 후유증 중에서 가장 쉽게 나타날 수 있는 것이 방사성 요오드에 의한 갑상선암이다. 체내의 요오드는 70~80퍼센트가 갑상선에 있기 때문에 방사성 요오드가 체내로 들어오면 갑상선에 쌓이게 되고 결국에는 갑상선암을 일으키게 되는 것이다. 특히, 나이가 어릴수록 암 발생률은 높아진다.

체르노빌 원전 사고로 지역 주민들은 25년이 지난 지금까지도 각종 질병에 시달리고 있다. 이에 대한 대책은 방사능에 오염되지 않은 순수한 요오드를 미리 복용하여 방사능이 날아오기 전에 갑상선을 요오드로 포화시키는 것이다. 체내에 들어간 요오드는 일정량 이상이 되면 더 이상 쌓이지 않고 밖으로 배출되기 때문에 그것을 이용하여 방사성 요오드의 피해를 피할 수 있는 것이다. 물론 가장 좋은 방법은 방진 마스크를 써서 방사능이 몸속으로 들어오지 않도록 원천봉쇄하는 것이다. 그리고 일상생활에서 요오드가 들어 있는 음식을 자주 먹는 것도 큰 도움이 된다.

요오드를 체내에 축적하는 가장 빠른 방법은 요오드화칼륨을 복용하는 것이다. 복용 타이밍은 방사능에 오염되기 바로 직전이 좋다. 피폭 후에도 3시간 이내라면 큰 효과가 있다고 한다. 방사능은 바람을 타고 순식간에 전파되기 때문에 원전 사고가 우려되는 지역에서는 미리 병원에서 의사의 처방을 받고 준비해두는 것이 좋다.

단, 요오드에 민감한 체질을 가진 사람에게는 발진 등의 부작용이 생길 수도 있으므로 주의하도록 한다. 또한 나이, 성별에 따라 복용량이 다르므로 각별한 주의가 필요하다.

임신 중이거나 수유중인 여성, 18세 이상의 성인은 하루 130밀리그램이 권장 복용량이며, 3세 이상 18세 미만은 하루 65밀리그램, 1개월에서 3세 미만은 하루 32밀리그램, 출생 후 1개월까지는 하루 16밀리그램이 권장 용량이다. 약물을 복용하지 않아도 안전하다고 판단될 때까지 매일 복용한다.

방사능 피해를 직접적으로 받는 지역이 아니라면 부작용이 전혀 없는 음식을 통해 요오드를 섭취하는 것이 좋다. 특히, 많은 요오드를 함유한 음식은 다시마로, 미역의 4배 가까운 양을 가지고 있다. 평소에 다시마 등의 해초류를 잘 먹는 것이 바람직한 건강 대책이다.

참고로, 현재 우리나라에서는 예방적 차원의 요오드가 포함된 식품을 섭취할 필요는 없다. 우리나라에서 측정되는 방사성 요오드의 양이 연간 허용 노출치의 수만 분의 1로 의미가 없는 수준이고 우리나라 사람들은 이미 요오드가 포함된 미역, 김, 다시마 등을 즐겨먹고 있기 때문이다.

방사능 오염 대비
꼭 알아두어야 할 것

1. 시버트, 베크렐, 그레이 도대체 뭐야?

밀리시버트, 나노 그레이, 베크렐 등등 동일본 대지진과 쓰나미로 후쿠시마현 제 1발전소에서 방사성 물질이 유출되면서 방사선 수치를 재는 단위가 속속 발표되고 있다.

도무지 쉽게 이해하기 어려운 방사선 수치를 측정하는 단위들 때문에 혼란이 가중되고 있다고 월스트리트저널(WSJ)이 24일 보도했다.

WSJ에 따르면 원전 운영회사인 도쿄전력은 지난 22일 후쿠시마 원전 원자로의 감마선 수치가 240마이크로시버트라고 발표했다.

또 일본 원자력개발기구는 원전에서 남서쪽으로 75마일 떨어진 곳의 방사선 수치는 1,900나노그레이라고 밝혔다.

원전에서 남서쪽으로 60마일 떨어진 곳의 시금치에선 1킬로그램 당 5만4,000베크렐의 방사성 요오드 131이 검출됐다.

시버트(sievert), 그레이(gray), 베크렐(becquerel) 등은 모두 방사성 물질 관련 측정 단위들이지만 매우 생소해서 정확히 아는 사람들은 적다.

WSJ은 '방사선 수학문제 : 어떻게 계산하나?'라는 제목의 기사에서 궁금증을 말끔하게 풀었다.

시버트와 그레이, 베크렐은 모두 국제사회에서 통용되는 방사선 관련 단위다. 마이크로는 100만분의 1을, 나노는 1억분의 1을 나타내는 말이다. 따라서 이 말이 붙은 단위는 매우 적은 양임을 짐작할 수 있다.

베크렐은 아주 적은 방사선 양을 나타낼 때, 그레이와 시버트는 상대적으로 많은 양의 방사선을 나타낼 때 사용한다.

그래서 시금치에서 방사성 요오드가 검출됐을 때 마이크로시버트와 나노그레이에 대신 베크렐을 붙인 것이다.

1베크렐은 방사성 물질이 1초당 한 번 나오는 것을 측정하는 단위다. 그렇지만 어떤 방사능 물질이 방출되고 있으며, 얼마나 많은 양의 방사성 에너지와 입자가 사람들이 사는데 있는지는 알려주지 않는다. 그런데 이는 방사선의 위험도를 측정하는 데 중요하다.

방사성 물질 탐지기는 일반적으로 그레이를 사용해 에너지의 양을 측정한다. 방사선 흡수량을 알 수 있는 단위다. 예를 들어 약 60킬로그램이 나가는 사람이 1그레이에 노출됐다면 60와트짜리 전구를 1초 동안 켤 때 사용하는 에너지와 같은 양의 방사성 에너지를 흡수한 것과 같다.

같은 양의 방사선 에너지라고 하더라도 유해 정도는 전혀 다르다. 따라서 비슷한 양이라고 하더라도 방사선이 갖는 위험정도를 구분하기 위해 등장한 게 시버트다.

시버트의 장점은 보건전문의들이 방사성 물질이 인체에 가한 유해 정도를 알아보는데 요긴하다는 점이다.

과학자들은 1945년 일본 원폭 투하당시 생존자들과 같이 높은 방사성 물질에 노출된 사람들을 대상으로 연구를 진행하다 시버트와 암에 걸릴 확률 간의 상관관계를 발견했다. 즉, 인체는 1시버트를 흡수할 때마다 암에 걸릴 확률은 5퍼센트씩 증가한다. 시버트도 단점이 있다. 사람마다 연령에 따라 방사선 흡수정도가 다르다. 또 방사성 물질에 노출된 시간을 고려하지 않는다.

이번 원전 사고 이후 일본 과학자들은 시간을 반영했다. 예를 들어 240마이크로시버트에 1,000시간 이상 노출되면 0.24시버트라는 식이다.

이의원 기자(아시아 경제 신문)

2. 방사능 오염 10대 안전 대책

① 외출을 하지 않는다

② 최대한 피부가 외부로 노출되지 않는 옷차림을 한다

③ 방수 처리된 옷을 입는다

④ 신발도 등산화나 장화 등으로 대체한다

⑤ 모자 등을 꼭 써야 한다

⑥ 비닐 장갑 또는 가죽장갑 등을 끼어야 한다

⑦ 우비를 입고 비를 맞아서는 절대 안 된다

⑧ 집에 창문 틈새를 막는다

⑨ 귀가 후 깨끗이 씻고 욕조도 자주 씻는다

⑩ 요오드가 많이 함유된 김, 파래, 미역, 다시마 등의 음식물을 자주 섭취한다

3. 방사능 오염 대비 비상물품

방사능 경보기

지도

반창고 : 방사능이 상처 부위로 침투하는 것을 막는다

모자나 두건 : 방사능이 머리카락에 달라붙는 것을 막는다

방진마스크 : 방사능이 호흡기를 통해 몸속으로 들어오는 것을 막는다

우비 : 폴리에틸렌으로 만든 제품. 방사능이 옷에 달라붙는 것을 막는다

장갑

쓰레기봉투 : 방사능으로 오염된 물건을 담는다.

신발용 비닐봉투 : 외출 시 신발을 오염시키지 않기 위해

다시마, 미역 등 : 사고가 발생하면 국이나 찌개에 넣어 가능한 한 많이 먹도록 한다

요오드를 많이 함유한 음식 베스트 7

1위	다시마
2위	미역
3위	정어리
4위	고등어
5위	다랑어
6위	김
7위	방어

요오드화칼륨 : 직접적인 방사선 노출이 예상될 때 권장용량을 먹는다. 노출 후 3시간 이내에 투여하는 것이 좋다

박스테이프 : 창문이나 환기구로 방사능이 들어오는 것을 막는다

4. 방진마스크의 등급별 사용 장소

특급 : 베릴륨 등 독성이 강한 물질을 함유한 분진이 발생하는 곳

1급 : 용접, 주물, 주조 등 기계적으로 생기는 분진이 발생하는 곳

2급 : 암석, 시멘트, 분말, 섬유 등 유기용제를 취급하는 곳. 농약을 뿌릴 때나 악취가 나는 곳에서도 사용

Part 2

지진에서 살아남기

향을 끼칠지 모른다. 이제부터라도 지진에 대한 대책과 방비를 철저

히 하여 만일의 사태가 일어났을 때 의연하게 대처할 수 있는 마음

가짐을 갖추어야 할 것이다.

 최근 들어 세계적으로 급격하게 늘어나고 있는 대규모

지진의 발생 상황을 볼 때 우리나라도 더 이상은 지진 안전국이 아

니라는 것이 전문가들의 견해이다. 판구조론에 의하면 지진을 일으

키는 판들은 지속적으로 이동을 하고 있기 때문에 언제 우리에게 영

향을 끼칠지 모른다. 이제부터라도 지진에 대한 대책과 방비를 철저

히 하여 만일의 사태가 일어났을 때 의연하게 대처할 수 있는 마음

가짐을 갖추어야 할 것이다.

1

지진에 대한
기초 지식

지진이란 오랫동안 누적된 지구 내부의 에너지가 다양한 이유로 급격하게 방출되면서 지각이 흔들리는 현상을 말한다. 지진은 세계 어느 지역이든 상관없이 발생하는 것이 아니라 지구의 겉 부분을 둘러싼 플레이트가 충돌하는 지역에서 집중적으로 발생하고 있다. 특히, 우리나라와 가장 인접한 국가 중 하나인 일본은 환태평양 지진대에 위치하고 있어 지각변동이 격렬하며, 지진활동 또한 활발하게 나타나고 있다.

전 세계 지진의 20퍼센트 가까운 점유율을 차지할 정도로 많은 지진이 일어나는 지진대국 일본. 우리나라와 가까운 거리에 있는 만큼 향후 일본 근해에서 일어나는 지진이 우리에

게 어떠한 영향을 끼칠 수 있는지 미리 면밀한 조사와 연구
가 이루어져야 할 것이다.

지진이 일어나는 이유

인간의 힘으로는 도저히 거역할 수 없는 자연의 분노, 인
류의 재앙. 지진은 지금까지 수많은 과학자들이 연구를 해왔
지만 아직까지도 언제, 어떻게 일어나는지 정확한 예측을 할
수 없는 것이 현실이다. 그러나 세월이 흐르며 많은 과학자
들이 다양한 자연 현상을 체계적으로 관찰하면서 많은 이론
을 정립하여, 이제는 지진이 일어나는 이유에 대해서 정밀한
분석을 할 수 있게 되었다.

① 탄성반발설

1906년 샌프란시스코 대지진이 발생했을 때 미국 지진학자
해리 필딩 리드(Harry Fielding Reid)가 산안드레아스 지각
의 단층구조를 조사하여 지진의 원인을 규명한 이론이다. 지

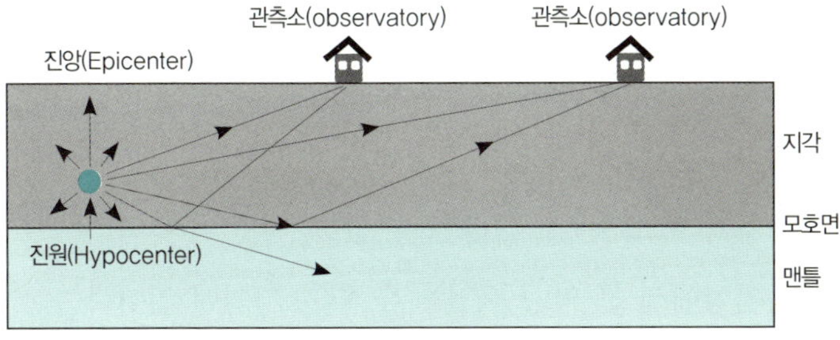

진원과 진앙

각은 어느 정도의 탄성을 가지고 있기 때문에 시간이 지나면 단층을 따라 지각이 휘어지며 에너지가 생겨나게 되는데, 단층에 가해지는 탄성에너지가 견딜 수 없는 단계에 도달했을 때 순간적으로 급격한 파괴를 일으키며 지진이 일어난다는 것이다.

② 단층 지진설

단층이라 불리는 지하의 암반이 서로 부딪치면서 생기는 에너지가 서서히 모이다가 한계점을 넘어서면서 급격하게 방출하여 지진이 발생한다는 이론이다. 단층이 왜곡되면서 생기는 진동은 지면을 매개체로 하는 지진파가 되어 땅속을 통과하고 사람들이 살고 있는 지표면까지도 영향을 끼친다. 단층은 보통 지하 수십 킬로미터 깊이에 있는데, 지진으로 생긴 왜곡은 지하에서 끝나고 지표까지는 도달하지 않는 경우가 많다. 그러나 규모가 큰 경우에는 지표지진단층이라 불리는 단차가 지표면에도 나타날 수 있다. 이럴 때 우리가 살고 있는 지상에서 큰 피해를 입을 수 있는 지진이 일어나는 것이다.

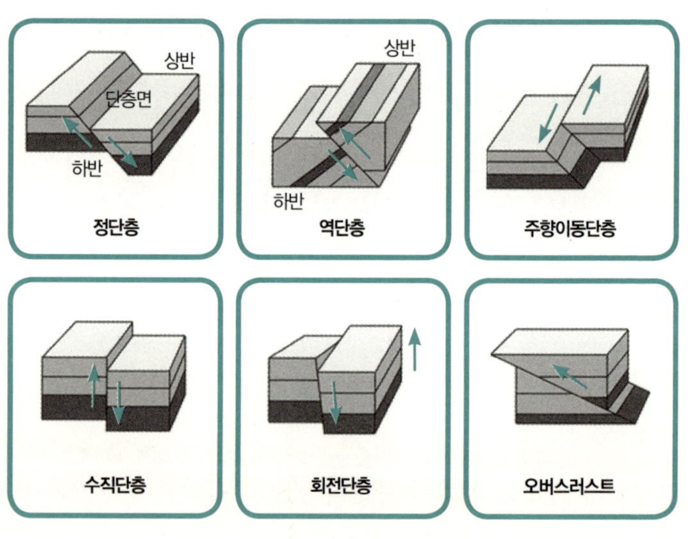

단층 지진

③ 판구조론

지구의 표면에는 플레이트라 불리는 두께 100킬로미터 정도의 암석판이 떠다니고 있다. 판구조론에 의하면 현재 지구는 약 13개의 플레이트로 덮여 있는데, 각각의 플레이트는 제각각 다른 속도로 수평 방향으로 움직이고 있다. 그 때문에 서로 부딪치거나 비틀어지고, 한쪽이 다른 한쪽 아래로 끌려들어가는 등 지표면에 왜곡을 일으킨다. 그리고 플레이트가 부딪치면서 생기는 힘을 견디지 못하고 극한까지 이르게 되면, 축적되었던 탄성에너지에 의해 지반에 균열이 생기기 시작한다. 이때의 충격이 흔들림을 일으키는 물결이 되어 지표면에 닿아 지진이 일어나는 것이다.

지진의 종류

일반적으로 지진은 단층이 움직이거나 새로운 단층이 생겨나면서 일어난다. 지진이 일어날 때 움직이는 단층은 1개가 아니라 큰 지진일 경우에는 진원에 가까운 다른 단층이

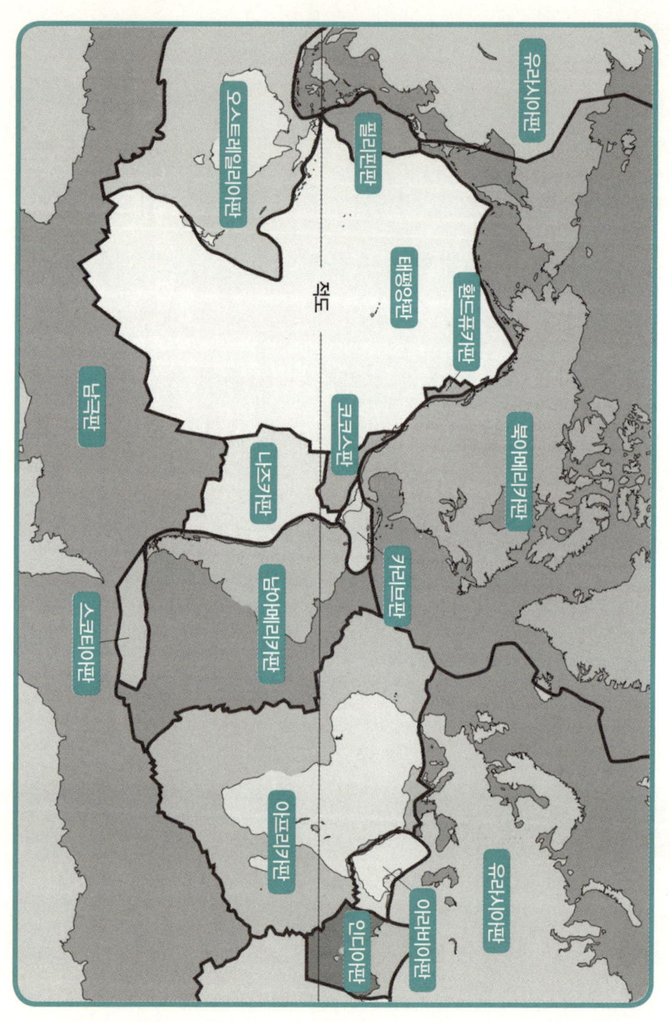

유라시아판
오스트레일리아판
필리핀판
태평양판
후안데푸카판
북아메리카판
코코스판
나즈카판
남아메리카판
카리브판
스코티아판
아프리카판
인도판
아라비아판
유라시아판
적도
세계의 판구조도

동시에 움직이는 경우도 있다. 또한 화산 활동에 동반하는 지진을 화산 지진이라고 하지만 이는 단층과 관계가 없는 것도 많고 일반적인 지진과는 다르게 생각하는 경우가 많다. 그밖에 진원의 깊이에 따라 천발 지진과 심발 지진으로 나누는 등 발생 원인에 따라 지진의 종류를 구분할 수 있다.

발생 원인에 따라서

① 단층 지진(Dislocation Earthquakes)

지각 변동으로 지반에 축적된 힘이 단층에 가해져 생기는 지진을 단층 지진이라고 한다. 대규모 지진은 대부분 단층 지진이다.

② 화산 지진(Volcanic Earthquakes)

화산이 폭발할 때 발생하는 지진. 또한 지하에 마그마가 관입할 때 지진이 발생하는 경우가 있는데 이도 화산 지진에 속한다.

③ 함락 지진(Downfall Earthquakkes)

지하의 큰 동굴이 무너지면서 생기는 지진.

④ 인공 지진(Man-made Earthquakes)

땅 속에서 화약을 폭발시키거나 지하 핵실험 등으로 지진과 유사한 현상이 일어나는데 이를 인공지진이라 한다.

진원의 깊이에 따라서

① 천발 지진

진원의 깊이가 100킬로미터 미만일 때

② 심발 지진

진원의 깊이가 100킬로미터 이상일 때

지진파의 종류

　지진이 일어나면 그 진동이 다양한 파장을 일으키며 퍼져 나간다. 지진파는 지진이 일어났을 때 발생하는 진동의 움직임을 말하는데, 크게 지각 내부를 통과해서 전달되는 실체파(body wave)와 지표면을 따라 전달되는 표면파(surface wave)로 나눈다.

　실체파에는 지진파의 진행방향과 매질의 이동방향이 같은 P파(primary wave)와 지진파의 진행방향과 매질의 이동방향이 수직인 S파(secondary wave)가 있다. 그리고 표면파에는 지표면를 따라 수평으로 진행하는 L파(Love wave)와 타원 형태로 진동하며 나가는 R파(Rayleigh wave)가 있다.

실체파

P파 : 음파처럼 어떤 매질을 통과할 때 파의 진행방향과 진동방향이 같은 종파이며 가장 먼저 도착하므로 P파라 하며 압축과 팽창을 거듭해서 부피변화를 일으킨다. 종파는 고체, 액체, 기체의 모든 매질을 통과하기 때문에 지구 내부구조를 조사하는 데 주로 이용한다.

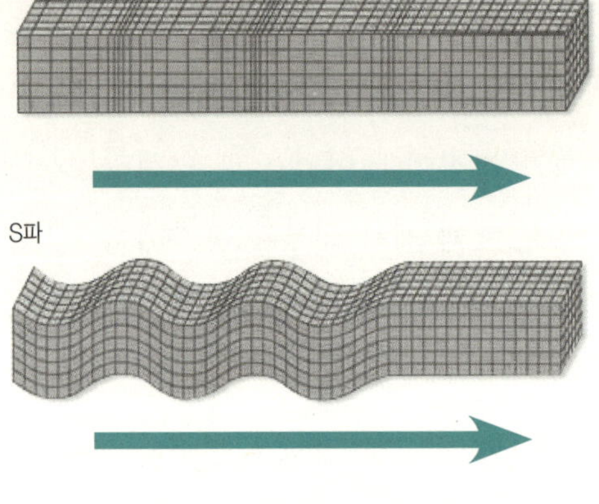

P파와 S파

S파 : 파의 진행방향에 수직 방향으로 진동하는 횡파로 두 번
째로 도착하므로 S파라 하며 매질의 모양변화를 가져온다. S
파는 고체만 통과할 수 있다.

표면파

L파 : 수평의 전단력을 지면에게 주는 표면파로 러브파라고
도 한다. 1911년에 영국의 수학자이자 물리학자 어거스터스
에드워드 허프 러브(Augustus Edward Hough Love)에 의해
서 이론적으로 증명되었다. 파의 진행방향에 대해서 지표면

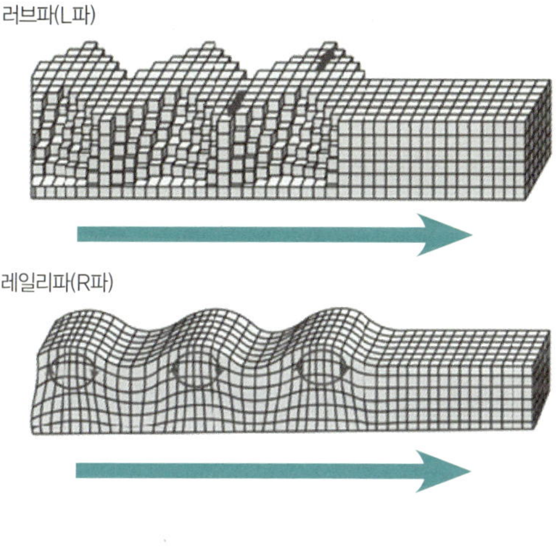

L파와 R파

의 입자들이 수직으로 좌우 진동을 하여 고층 건물에 큰 피해를 준다. 일반적으로, 레일리파보다 약간 빠르다.

R파 : 바다의 너울과 비슷한 파장을 가진 표면파로 R파라고도 한다. 1885년 영국의 물리학자 존 레일리(John William Strutt Rayleigh)에 의해 이론적으로 증명되었다. 진행방향에 대해 역회전 타원 운동을 하기 때문에 지진파 중에서 가장 강력한 파괴력을 자랑한다.

세계의 주요 지진대

　지진이 자주 일어나는 진원을 중심으로 지도에 표현하면, 판구조론에 나오는 환태평양조산대와 알프스 히말라야 조산대 주변에서 특히 지진이 많이 일어나고 있다는 사실을 알 수 있다. 비율로 따져보면 세계 지진 활동의 대부분을 차지할 정도이다. 그밖에 유럽 서부나 아시아 북부 등지에서도 비교적 지진이 많이 발생하고 있다.

　이러한 지역은 조산대 또는 지진대라고 하며 지각이나 지면의 활동이 활발하고 지진 또한 자주 일어난다. 그러나 이 지도는 어디까지나 일정 기간 동안 발생한 지진을 집계하여 나타낸 것이므로 지도에서 지진이 적은 지역에서 절대로 지진이 발생하지 않는 것은 아니다.

　지진의 피해가 커지는 지역은 지진이 많은 지역과는 다르다. 주위에 단층이 많은지, 지반이 흔들리기 쉬운 지역인지, 인구밀도가 높은지, 건물의 강도 등에 따라서 피해가 다르기 때문이다. 대규모 지진이 일어나도 사람이 별로 살지 않은 곳이라면 피해가 크지 않지만, 대도시나 도시 주변에서 일어나면 소규모 지진에도 큰 피해를 입을 수 있다. 또한 지진이 발생하는 시간이나 시기 등에 따라서도 피해가 달라진다.

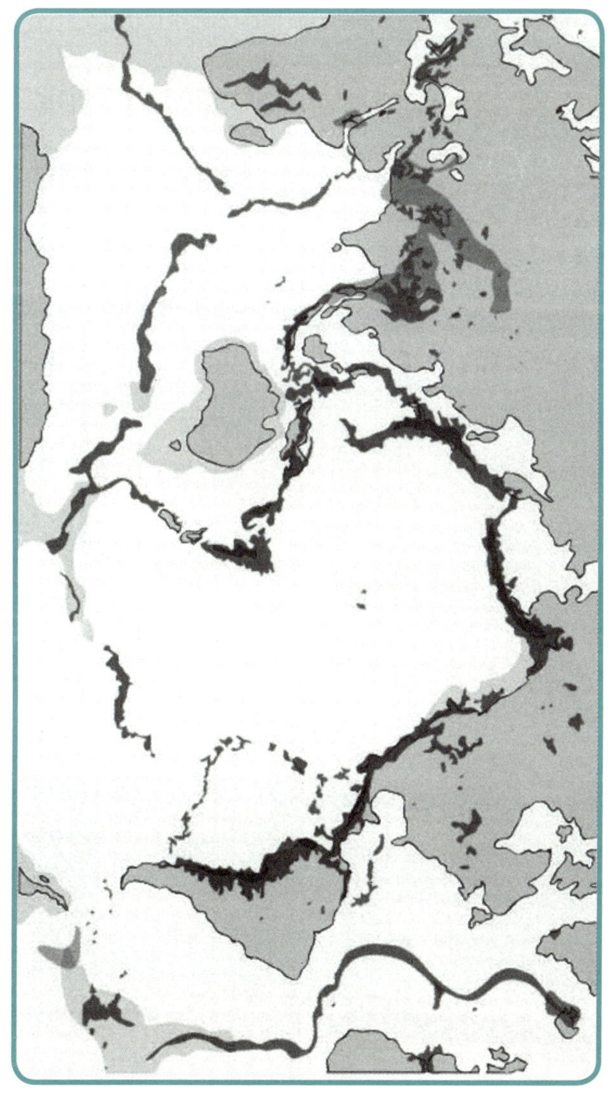

세계의 지진 분포와 플레이트

2000년~2011년 세계의 연간 평균 지진 발생 횟수

지진규모	2000	2001	2002	2003	2004	2005	2006	2007	2008	2009	2010	2011
8.0 ~ 9.9	1	1	0	1	2	1	2	4	0	1	1	1
7.0 ~ 7.9	14	15	13	14	14	10	9	14	12	16	21	7
6.0 ~ 6.9	146	121	127	140	141	140	142	178	168	144	151	80
5.0 ~ 5.9	1344	1224	1201	1203	1515	1693	1712	2074	1768	1895	1944	765
4.0 ~ 4.9	8008	7991	8541	8462	10888	13917	12838	12078	12291	6801	10402	2490
3.0 ~ 3.9	4827	6266	7068	7624	7932	9191	9990	9889	11735	2903	4312	388
2.0 ~ 2.9	3765	4164	6419	7727	6316	4636	4027	3597	3860	3015	4580	555
1.0 ~ 1.9	1026	944	. 1137	2506	1344	26	18	42	21	26	37	2
0.0 ~ 0.9	5	1	10	134	103	0	2	2	0	1	0	0
합계	22256	23534	27454	31419	31194	30478	29568	29685	31777	14820	21473	4295

세계에서는 1년 동안 규모 5 이상의 지진이 평균 약 1,500회, 규모 2 이상의 지진이 평균 145만 회나 발생하고 있다. 횟수로 따질 경우 세계에서 발생하는 지진의 20퍼센트 정도가 일본 부근에서 발생하고 있다. 특히, 2011년 3월 11일에 발생한 동북부 해역의 지진은 일본이 정말 지진이 많은 나라라는 것을 보여주었다. 지진의 발생 빈도가 과거와 비교해서 증가했는지 감소했는지, 국지적으로는 추정해볼 수 있겠지만 전 세계에서 일어나는 지진을 한 번에 파악하는 것은 현재 상태로는 어려운 일이다. 지진 발생 데이터는 지진계의 성능, 관측점의 네트워크 상황에 따라 조금씩 달라지기 때문이다. 게다가 고감도 지진 관측망으로 지진 발생 데이터를 축적한 것은 1990년대 후반부터이며, 소규모 지진을 파악할 수 있는 관측망도 아직까지는 현저히 부족한 상황이다. 이번 일본 동북부 지진을 계기로 우리나라도 언제든지 지진의 피해를 입을 수 있다는 것을 자각하고 지진 관측망에 대한 실질적이고 체계적인 투자를 통해 향후 일어날 수 있는 더 큰 재해를 막기 위해 노력해야 할 것이다.

지진 상식

지진 용어

진원震源 : 지하에서 단층이 움직였을 때 최초로 움직인 지점 (지진파의 발생지)

진앙震央 : 진원 바로 위의 지상 지점. 텔레비전이나 신문 등 미디어에서 일반적으로 사용하고 있는 진원도는 진앙의 위치를 표시한다.

진원역震源域 : 지진이 일어나면 진원뿐만 아니라 진원 주위 수 미터에서 수백 킬로미터의 지반까지 영향을 끼친다. 이 범위를 진원역이라 한다.

지진파地震波 : 지반의 붕괴가 일어난 진원역으로부터 지구의 내부 또는 지표면을 따라 전파되는 탄성파. 지진파에는 지구 내부로 전파되는 실체파(P파, S파)와 지표를 따라 전파되는 표면파가 있다. 실제로 피해를 일으키는 진동의 원인은 주로 S파에 의한 것이다. P파와 S파는 전달 속도가 다르기 때문에 이를 응용하여 진앙 거리를 구할 수 있다.

본진本震 : 한정된 공간에서 계속해서 일어나는 지진 중에서 가장 규모가 큰 지진.

전진前震 : 본진에 앞서 일어나는 작은 지진.

여진余震 : 본진이 일어난 후 일정한 기간 동안 계속해서 일어나는 작은 지진.

옛 과학자들이 생각한 지진의 이유

고대 그리스의 자연철학자 아낙시메네스(Anaximenes)는 지진이 일어나는 이유를 흙이 대지의 구덩이 속으로 흘러들어가는 것 때문이라고 생각했다. 한편, 아낙사고라스(Anaxagoras)는 지하로 격렬하게 물이 흘러 떨어지는 것을 원인이라고 생각했다. 그 후, 아리스토텔레스(Aristotles)는 대지의 4원소를 기본으로, 지진은 땅속에서 증기와 같은 뜨거운 기운이 분출하면서 생기는 것이라고 설명했다. 이런 가설들을 기본으로 해서 세네카(Seneca)는 지하에서 증기가 분출하면서 커다란 구멍이 생기고 그곳의 지면이 함몰할 경우에 지진이 일어난다는 가설을 세웠다. 세월이 흘러 10세기에 이르러서야 중세시대 최고의 과학자 중 한 명인 페

르시아 제국의 이븐 시나(Avicenna)가 지면의 융기가 지진의 원인이라는 생각을 하게 되었다.

18세기에는 리스본 지진을 계기로 영국의 자연철학자 존 미첼(John Michell)이 지진의 연구를 실시하고, 화산의 영향으로 땅속의 수증기가 변화를 일으키는 것이 원인이라고 하는 설을 발표했다.

19세기 말에는 제임스 알프레드 유잉(James Alfred Ewing)과 토마스 그레이(Thomas Gray), 존 밀네(John Milne)라는 세 명의 영국인 과학자가 일본 동경대에서 최초의 지진계를 만들어내면서 본격적으로 지진 연구를 진행하기 시작했다. 한편, 비슷한 시기에 지진의 파형에서 진원을 추정하는 방법이 발견되고, 크로아티아의 유명한 지구물리학자인 안드리야 모호로비치치(Andrija Mohorovičić)가 모호로비치치 불연속면을 발견하여 지구의 내부 구조를 알아내는 데 큰 공헌을 하기도 했다.

20세기로 들어오면서, 리처드 올덤(Richard Dixon Oldham)이 지구의 핵을 발견하고, 베노 구텐베르크(Beno Gutenberg)가 불연속면을 발견하는 등 지구물리학은 더욱 심도 깊은 발전을 하게 되었다. 그리고 알프레드 로타어 베게너(Alfred Lothar Wegener)의 대륙이동설로부터 발전한 맨틀대류설과 해양저확대설을 판구조론으로 정리하면서 지진의 가장 중요한 원인으로 단층 지진설과 탄성반발설이 정착했다.

2

세계의 지진 재해와
피해 상황

22만 명의 사망자를 낸 2010년 아이티 대지진, 끝없이 피해가 확산되고 있는 2011년 일본 도호쿠 대지진 등 잇따라 발생하고 있는 엄청난 규모의 대지진은 과연 지구 종말의 전조일까?

20세기에 들어서 지진으로 사망한 사람은 100만 명을 넘는다. 하지만 전문가들은 앞으로 지진에 의한 사망자는 점점 더 늘어날 것이라고 예측하고 있다. 인구가 늘어나면서 지진 다발지역에 사는 사람들의 숫자도 늘어나고, 또 지진의 규모가 날이 갈수록 커지고 있기 때문이다. 만일 수많은 사람들이 살고 있는 대도시에 규모 9.0 이상의 강진이 발생한다면

단 한 번의 지진으로 100만 명의 사망자가 나오는 것도 충분히 가능한 일이다.

지진으로 인한 피해는 피할 수 없지만 피해 규모는 얼마든지 줄일 수 있다. 2008년에 일어난 규모 7.9의 쓰촨성 대지진은 사망자가 무려 87,587명에 이르렀지만, 비슷한 규모의 1995년 고베 대지진은 사망자가 6,434명으로 1/10 규모의 피해에 머물렀다. 물론 모두 일반적인 재해에 비해 엄청난 참사였지만, 그나마 일본의 지진에 대한 철저한 안전교육과 내진 설계 덕분에 조금이나마 피해를 줄일 수 있었던 것이다.

사람을 죽이는 것은 지진 자체가 아니라 건물들이다. 도시에서도 언제든지 대규모 지진이 일어날 수 있다는 사실을 인정하고 지진에 견딜 수 있는 철저한 내진설계로 건물을 짓는다면 더욱 많은 생명을 구할 수 있을 것이다.

가장 규모가 컸던 지진

1위 1960년 칠레 남부지진

1960년 5월 22일 칠레 남부 지역에서 발생한 지진으로, 규모는 무려 9.5. 진앙지로부터 1,000킬로미터 떨어진 곳에서도 진동을 느낄 만큼 엄청난 대지진이었다. 1,655명이 사망하고 3,000여 명이 부상했으며 200만 명 이상의 이재민이 생기는 등 엄청난 피해를 냈다.

2위 1964년 알래스카 지진

1964년 3월 28일 알래스카 지역에서 발생한 규모 9.2의 대지진. 건물이 무너지고 엄청난 쓰나미가 발생하며 130여 명의 사망자를 냈다. 알래스카 지진은 성 금요일에 일어나 굿 프라이데이(Good Friday) 지진이라고도 하는데, 북아메리카 역사상 최대 규모의 지진으로 알려진다.

3위 2004년 수마트라 대지진

2004년 12월 26일 인도네시아 자카르타에서 북서쪽으로 1,600킬로미터 떨어진 수마트라섬 서부 해안의 해저 40킬로미터 지점에서 발생한 규모 9.1의 해저 대지진. 우리의 기억에도 생생한 이 대지진은 동남아시아 일대 해안에 엄청난 쓰나미를 일으키며, 총 30만 명 이상의 사망자 및 실종자를 냈다.

4위 2011년 일본 도호쿠 대지진

2011년 3월 11일 일본 동북부 해역에서 일어난 규모 9.0의 대지진. 순식간에 들이닥친 초대형 쓰나미 때문에 인근 해안 마을은 초토화되었고, 수만 명의 인명 피해, 20조 엔에 달하는 엄청난 재산 피해가 발생했다. 거기에 후쿠시마 원전 폭발이라는 방사능 재해까지 겹쳐 피해 규모가 얼마나 더 커질지는 아무도 예측할 수 없다.

5위 1952년 캄차카 지진

1952년 11월 4일 러시아의 캄차카 반도에서 일어난 규모 9.0의 대지진. 캄차카 반도는 시베리아의 극동 지역으로 일본과 함께 환태평양 지진대에 위치하고 있어 잦은 지진이 발생하고 있는 곳이다. 당시에는 10미터 이상의 거대한 쓰나미를 동반하며 태평양 연안을 휩쓸었으나 다행히 인명 피해는 없었다고 한다.

6위 2010년 칠레 중부 지진

2010년 2월 27일 칠레 콘셉시온 북동쪽 115킬로미터 해역에서 발생한 규모 8.8에 이르는 대지진. 지진은 무려 325킬로미터나 떨어져 있는 칠레의 수도 산티아고에서도 느낄 수 있을 정도였으며, 대규모 쓰나미를 동반하며 700명 이상의 인명 피해를 냈다.

7위 1906년 에콰도르 지진

1906년 1월 31일 에콰도르 해안에서 발생한 규모 8.8의 대지진. 정확한 자료가 없어 피해 상황은 확인할 수 없지만, 엄청난 쓰나미를 동반하며 인근 지역이 큰 피해를 입었다고 전해진다.

8위 1965년 알래스카 지진

1965년 2월 4일 랫 제도(Rat Islands)에서 발생한 규모 8.7의
대지진.

9위 2005년 북 수마트라 지진

2005년 3월 28일 인도네시아 북 수마트라에서 발생한 규모
8.6의 대지진. 이 지진으로 1,400명의 인명 피해가 있었다.

10위 1950년 아삼 지진

1950년 8월 15일 티벳 아삼(Assam)에서 발생한 규모 8.6의
대지진.

1위 1556년 중국 산시 대지진

1556년 1월 23일 발생, 규모 8.0, 사망 830,000명

2위 1976년 중국 탕산 지진

1976년 7월 28일 발생, 규모 7.5, 사망 255,000명

3위 2004년 인도네시아 수마트라 지진

2004년 12월 26일 발생, 규모 9.1, 사망 227,898명

4위 2010년 아이티 지진

2010년 1월 12일 발생, 규모 7.0, 사망 222,570명

5위 1920년 중국 하이위안 지진

1920년 12월 16일 발생, 규모 7.8, 사망 200,000명

6위 1923년 일본 간토 대지진

1923년 9월 1일 발생, 규모 7.9, 사망 142,800명

7위 1948년 투르크메니스탄 아시가바트 지진

1948년 10월 5일 발생, 규모 7.3, 사망 110,000명

8위 2008년 쓰촨성 대지진

2008년 5월 12일 발생, 규모 7.9, 사망 87,587명

9위 2005년 파키스탄 지진

2005년 10월 8일 발생, 규모 7.6, 사망 86,000명

10위 1908년 이탈리아 메시나 지진

1908년 12월 28일 발생, 규모 7.2, 사망 72,000명

3

지진 강도에
따른 피해

텔레비전, 신문 등 각종 미디어의 기사들을 보다 보면 지진의 강도를 나타낼 때 '지진 규모'와 '진도'라는 단어를 혼용해서 쓰는 경우가 있는데, 두 단어는 분명히 의미가 다른 말이다. 지진이 일어났을 때 규모는 언제나 동일하지만 진도의 단위는 달라질 수 있기 때문이다.

규모는 영어로 '매그니튜드(magnitude)'라 하는데, 이 개념을 처음으로 도입한 미국의 지질학자 리히터의 이름을 따서 리히터 스케일라고도 한다. 규모는 지진계로 계측한 지진파의 진폭, 주기, 진앙 등을 계산하여 산출하는 객관적인 수치로, 모든 지진 크기를 나타내는 절대적인 개념이다. 예를 들면, M5.0이라고 표현하여 수치는 소수점 한 자리까지 나타낸다. 반면에 진도는 지진이 일어났을 때 사람의 느낌이나 주변 구조물의 흔들림 정도를 정해진 설문을 기준으로 계측한 상대적인 수치이다. 예를 들어 2011년 3월에 일어난 일본 동북부 지진의 세기를 M9.0이라고 표현할 때, M은 규모를 의미하고 읽을 때는 리히터 규모 9.0의 지진 또는 규모 9.0의 지진이라고 해야 한다. 진도 9.0이라는 말은 잘못된 표현이다.

그렇다면 수치로 표현하는 규모는 과연 어느 정도의 에너지를 가지고 있을까? 지진을 경험해본 적이 거의 없는 우리로서는 리히터 규모의 수치가 어느 정도의 위력인지 실감이 나지 않는다. 그래서 일반적으로 폭탄(TNT)와 비교해서 설명하는 경우가 많다.

규모 1.0의 강도는 60톤 폭탄의 힘에 해당하며 규모가 1.0 늘어날 때마다 지진 에너지는 30배씩 늘어난다. 예를 들어, 규모 9.0의 일본 도호쿠 지진은 규모 7.0의 아이티 지진보다 무려 900배 이상의 강력한 에너지를 발생시킨 셈이다. 1956년 구텐베르크와 리히터가 제안한 지진 에너지 산정식으로 계산했을 때, 규모 6.0의 지진 에너지가 히로시마 원폭과 비슷한 크기라고 하니 이번 일본 지진이 얼마나 강력했는지는 굳이 말을 하지 않아도 이해가 갈 것이다.

지진의 강도에 따른 피해 상황

규모	상황
1.0~2.9	무감각. 지진계만 감지할 정도의 지진. 특히 감지하기 쉬운 상태에 있는 소수의 민감한 사람만 반응할 수 있다.
3.0~3.5	실내에 있는 사람의 일부가 아주 잠깐 진동을 느낄 수 있다.
3.6~3.9	실내에 있는 대부분의 사람들이 느낄 수 있으며, 매달린 물체들이 흔들린다.
4.0~4.5	매달린 물체들이 심하게 흔들린다. 주차된 차들이 흔들리며 창문, 접시, 문짝 등이 흔들린다.
4.6~4.9	실외에서도 강한 진동을 느낄 수 있다. 가벼운 가구가 흔들리고 선반 위의 작은 집기들도 떨어진다. 유리창이 깨질 수도 있다.
5.0~5.5	둔감한 사람도 느낄 수 있는 큰 진동이 온다. 지면이 흔들려 제대로 걷기가 힘들고 많은 사람들이 공포감에 휩싸일 수 있다. 책꽂이의 책들과 벽에 걸린 액자가 떨어진다. 약한 벽이나 내진성이 약한 주택에는 균열이 생긴다.
5.6~5.9	평지에서 서 있기가 힘들 정도로 진동이 심하고 모든 사람들이 놀라서 뛰쳐나온다. 자동차를 제대로 운전하기 힘들다. 내진성이 약한 주택은 무너질 위험이 있다. 연못에 파도가 일고 작은 규모의 산사태도 일어난다.
6.0~6.5	일반 건축물은 부분적인 붕괴 등 상당한 피해를 입을 수 있다. 내진성이 강한 건물에도 약간의 피해가 발생한다. 간판, 굴뚝, 기둥 등이 떨어지거나 무너진다.
6.6~6.9	내진성이 강한 건물에도 상당한 피해가 발생한다. 땅이 갈라지고 지하 송수관, 전선 등 생활 시설 전반에 극심한 피해를 입는다.
7.0~7.9	대부분의 건축물이 무너진다. 땅이 심하게 갈라지고 철로가 휘어진다. 산사태가 발생한다.
8.0이상	남아 있는 건축물이 거의 없을 정도로 엄청난 피해를 입는다. 땅이 가라앉고 지표면에 파동이 보일 정도로 심하게 흔들린다.

4

국내 지진 발생 현황과 대처 방안

우리나라는 과연 지진의 피해가 일어나지 않는 안전한 나라일까? 우리나라는 지진 활동이 심하지 않은 지역이기 때문에 대부분의 사람들은 지진 활동을 거의 느껴본 적이 없을 것이다. 과거 사례를 보더라도 큰 피해를 준 대규모 지진은 손으로 꼽을 정도여서 앞으로 지진이 일어나더라도 심각한 피해는 발생하지 않을 거라고 생각하고 있다.

하지만 최근 들어 세계적으로 급격하게 늘어나고 있는 대규모 지진의 발생 상황을 볼 때 우리나라도 더 이상은 지진 안전국이 아니라는 것이 전문가들의 견해이다. 우리나라는 지진이 많이 일어나는 태평양판과 유라시아판의 경계를 일본이 막아주고, 인도판과 유라시아판은 중국이 막아주기 때문에 지금까지 대규모 지진은 일어나지 않았다. 그러나 판구조론에 의하면 지진을 일으키는 판들은 지속적으로 이동을 하고 있기 때문에 언제 우리에게 영향을 끼칠지 모른다. 이제부터라도 지진에 대한 대책과 방비를 철저히 하여 만일의 사태가 일어났을 때 의연하게 대처할 수 있는 마음가짐을 갖추어야 할 것이다.

국내 지진 활동의 특징

우리나라는 인도 대륙의 유라시아판과 충돌하거나 태평양판과 필리핀판이 밀려들어오면서 간헐적으로 지진이 발생하고 있다. 그러나 대부분 진원 깊이 50킬로미터 이하의 천발지진으로 아직까지는 규모 6.0 이상의 대규모 지진이 발생한 적은 없다. 다만, 지진 대국 일본이 바로 옆에 붙어 있어 언제든지 해저 지진에 의한 쓰나미의 피해를 받을 수 있다. 또한, 지질 구조상 지각이 약한 단층구조가 많고, 2011년 3월에 발생한 일본 도호쿠 대지진의 여파 탓인지 최근 들어 곳

곳에서 소규모 지진의 발생 빈도가 급격히 증가하고 있어 더 이상은 안심하고만 있을 수는 없는 상황이 되었다.

지진이 발생하고 있는 지역은 대부분 지각이 약한 단층대인데 우리나라의 주요 지진 발생지역으로 전문가들은 경상남북도의 양산 단층대, 경기도 서해안 일대, 충남, 홍성 부근의 남포 단층대, 옥천 변성대 등을 꼽고 있다. 실제로 우리나라가 지진 다발 지역인 태평양 연안에 위치해 전국이 지진 발생 가능지역이라는 게 학자들의 공통된 지적이다.

따라서 우리나라가 더 이상 지진 안전지대가 아닌 이상 언제 닥칠지 모르는 지진의 재난에 대비하여 지진에 대한 교육과 건축법상 건축물에 대한 내진 설계 의무 범위를 넓히고 특히 고층 건물에 대해서는 그 기준을 강화하는 조치가 필요하다.

우리나라의 주요 지진 발생 현황

우리나라의 지진은 19세기 말까지 역사서적에 1,800여 건이 기록되어 있다. 1905년 지진계 설치 이후로는 3백여 건이상이 관측되었고 이 가운데 1936년의 하동 지진(규모 6.3)과 1978년의 홍성 지진(규모 5.0)이 대규모 지진이었다. 기록상 가장 큰 피해를 낸 지진은 779년 경주에서 발생한 지진으로 약 100명이 사망했고 1565년에는 한 해 동안 100회가 넘는 지진이 일어나 최대 발생 기록을 세우기도 했다.

지진 안전지대로 생각했던 우리나라에 지진의 무서움을 깨우쳐 준 것은 1978년 10월에 발생한 홍성 지진이었다. 규모 5.0의 이 지진으로 땅이 갈라지고 집이 무너지는 등 약 4억 원의 재산 피해를 입었다. 홍성 지진 이후 중앙기상대는 1대밖에 없었던 지진계기를 7대로 늘리고, 각종 시설물에 대한 내진설계를 도입하는 등 국내에서도 지진에 관한 인식이 새로워졌다. 또한, 1996년의 영월지진은 한반도 전역에서 진동을 감지했으며, 2005년 일본 후쿠오카 지진은 남부 해안지역에 대한 지진해일의 위험성을 인식하게 되는 계기가 되었다.

쌍계사 지진

1936년 7월 4일 지리산 쌍계사에서 발생한 지진. 우리나라에서는 드물게 규모 5.1의 강한 지진이었지만, 다행히 산간 지역에서 일어나서 인명 피해는 부상자 4명에 그쳤다. 하지만 쌍계사 건물 등 다수의 문화재가 파손되었고 인근 지역의 건물 113동에 큰 피해를 주었다.

니가타 지진해일

1964년 6월 16일 일본 니가타 현 앞바다에서 발생한 지진. 규모는 무려 7.5였지만 우리나라와는 거리 차가 있어 인명, 재산 피해는 없었다. 그러나 부산과 울산에는 쓰나미 때문에 파고가 50센티미터까지 올라가는 등 다소 영향이 있었다. 이 사건으로 일본에서 지진이 일어났을 때 우리나라에도 영향을 끼칠 수 있다는 하나의 사례가 되었다.

참고로 일본에서는 473명의 사상자가 발생했고 가옥 및 선박이 큰 피해를 입었다.

속리산 지진

1978년 9월 16일 속리산에서 발생한 지진. 규모 5.2의 강한 지진이었지만 산에서 일어난 지진이라 인명, 재산 피해는 없었다. 하지만 우리나라 전 지역에서 진동을 느낄 수 있을 정도로 대규모 지진이었다.

홍성 지진

1978년 10월 7일 충청남도 홍성에서 일어난 지진. 규모 5.0의 강진으로, 2명의 부상자가 생기고 당시로서는 엄청난 금액인 3억여 원의 재산 피해를 냈다. 또한 홍성 군청을 중심으로 100여 동의 건물이 파손되고 사적 231호인 홍주 성곽이 붕괴되는 등 건물 피해도 상당했다.

동해 중부 지진

1983년 5월 26일 동해 중부지역에서 발생한 규모 7.7의 강진. 해안에서 일어나 강력한 쓰나미를 발생시키며 사망 1명, 부상 2명, 실종 2명이라는 인명 피해와 약 3억 7천만 원의 재산 피해를 냈다.

영월 지진

1996년 12월 13일 강원도 영월에서 발생한 지진. 규모는 4.5로 강한 지진은 아니었지만 진앙이 내륙이고 진원의 깊이가 낮아 이례적으로 제주도를 포함한 한반도 전역에서 진동을 느꼈다. 인명 피해는 없었고, 영월군과 정선군 일대 10여 개 구조물에서 균열이 발생하도 등 미미한 건물 피해만 발생했다.

울진 앞바다 지진

2004년 5월 29일 울진 앞바다에서 일어난 지진. 규모는 5.2. 인명 피해와 재산 피해는 없었지만 울진 지역에서 건물이 심하게 흔들리는 등 모든 사람이 지진을 느낄 수 있었다. 속리산 지진 이후 우리나라에서 발생한 가장 큰 규모의 지진.

오대산 지진

2007년 1월 20일 강릉시에서 서쪽으로 약 23킬로미터 떨어진 오대산 산자락에서 발생한 지진. 규모는 4.8이었다. 지진 발생 당시 강원도 지역에서 건물이 흔들리는 등 제주도를 제외한 전국에서 진동을 느낄 수 있었지만, 구조물에 피해를 주기에는 규모가 그리 크지 못했다. 그래서 진앙지 부근인 평창군과 강릉시에서만 가벼운 구조물 피해가 보고되었다.

우리나라의 지진 관측 체계와 대처 방안

우리나라에서는 기상청의 감독 하에 전국 106개소에서 지진 관측망을 운영하고 있다. 또한 2005년 7월에는 지진 및 지진해일 One-Stop 분석·통보시스템을 구축하여 지진 재해에 대해 만반의 준비를 하고 있는 상황이다. 지진 통보에 소요되는 시간은 2002년에 12.3분이었던 것을 지속적인 장비의 보급과 시스템 정비로 2007년에는 4.1분까지 단축했다.

하지만 일본과 비교했을 때는 여전히 미비한 실정이다. 일본의 최신 지진 관측 시스템은 지진이 일어나고 5초면 자동으로 경보를 발령하는데, 우리나라는 4분이라는 엄청난 시간이 걸리기 때문이다. 2002년의 12.3분에 비하면 많이 줄어들긴 했지만 앞으로 많은 노력이 필요한 부분이다.

신속한 피해정보 수집 및 정보제공 시스템 구축

대규모 지진이 발생했을 때는 신속하고 정확한 대책 마련을 위해서 지진정보와 피해정보를 조기에 수집하여 필요한 정보를 주민에게 제공해야 한다. 일본의 경우에는 대규모 재해가 발생하면 대책을 원활히 수행하기 위해 기상청으로부터 실시간 지진정보를, 또 지자체와 기타 방재관계기관으로부터 피해상황과 규모 등 지진에 관한 다각적인 정보를 전달받으며 지진에 관한 1차 정보를 정확히 파악하는 노력을 하고 있다. 그리고 원활한 정보 전달을 위해 정보, 통신체제의 정비를 추진하고 있다.

우리나라에서도 신속한 대응을 하기 위해서 지진이 발생했을 때 최단 시간 내에 피해의 규모와 범위를 파악하는 데 힘을 기울이고 있다. 특히, 소방방재청에서는 대규모 재해발생 시 필요한 피해정보를 독자적으로 조기에 수집할 수 있는 정보수집 수단을 강화하고, 피해정보를 신속하게 판단하기 위한 조기피해정보시스템 등의 운영에 많은 관심을 쏟고 있다.

지역 주민에 대한 재해경보 전달수단 및 체계 보완

기상청에서는 국가 지진정보시스템으로부터 자동으로 분석한 결과를 팩스, 컴퓨터 통신, SMS 문자메시지, 이메일, 기상청 홈페이지, 네이버나 다음 등 포털사이트 등 다양한 통보 방식을 이용하여 방재 관련 기관과 언론, 지자체 등에 통보를 한다. 단, 조기경보를 동시에 많은 지역에 전파하기 위해서는 유·무선 및 TV, 마을앰프 시설 등 직접적인 경보 전달

수단이 필요하다. 그리고 현재 운영하고 있는 경보전달시스템에 대한 점검과 보완을 철저히 하면서, 제대로 재해경보를 하기 힘든 산간 지역이나 해안 마을 등 취약한 지역이 발생하지 않도록 경보 전달수단과 체계를 다각적으로 마련해야 할 것이다.

적극적인 방재교육 및 홍보

모든 국민이 일상생활에서 재해에 능동적으로 대처할 수 있는 능력을 갖출 수 있도록 정부 차원의 방재교육 및 홍보가 적극적으로 이루어져야 할 것이다. 꼭 지진이 아니더라도 태풍이나 홍수 등 매년 반복적으로 재해가 발생하고 있는 현실에서 체계적인 교육과 홍보를 통해 국민의 인식을 환기시켜 개인의 방재역량을 강화시켜야 한다. 지진 해일 피해가 예상되는 해안 지역의 거주자와 관련 종사자들을 위한 다양한 교육프로그램을 개발하여 보급하고, 훈련을 강화해야 한다. 또한 현지 사정에 익숙하지 못한 휴양객들이 계절적으로 짧은 기간에 몰리는 여름 피서 기간 등에는 이들을 위한 지진·해일 교육과 홍보가 수행해야 한다.

실효성 있는 방재집행계획의 수립 및 검증

피해발생시 구조, 구급과 이재민 구호, 사상자 처리 및 치료, 폐기물 처리, 복구지원 등에 대한 실질적이고 효과적인 대응이 이루어질 수 있도록 방재집행계획을 수립하고, 훈련 등을 통해 이를 검증하여 미비점을 보완해야 한다.

아파트가 많은 우리나라 과연 지진에 안전할까?

노후아파트 지진 대책 시급, 국내 내진설계 적용 16퍼센트 수준

세계에서 지진대비가 가장 철저한 일본이 무너졌다. 역사상 4번째로 규모가 큰 9.0의 강진에 속절없이 당하고 만 것이다. 우리나라의 경우 일본과 같은 강진 가능성은 높지 않다. 그러나 지진에 견딜 수 있는 내진설계를 갖춘 건물 비중은 낮은 수준이다. 즉 약한 규모의 지진에도 일본보다 피해 규모가 더 클 수밖에 없다는 것이다.

실제로 최근 소방방재청이 국립방재연구소에 의뢰해 실시한 우리나라 지진피해 시뮬레이션 결과 피해 규모는 심각한 것으로 나타났다. 서울 중구 일원인 '북위 37.6도, 동경 127.0도' 지점에서 규모 6.5 지진이 발생하게 되면 서울 도심에 사망 7,394명을 포함, 무려 11만 명에 달하는 인명 피해, 건물 2만 6,520채가 전파되는 조사 결과가 나왔다.

9.0규모의 강진이 일본을 강타하면서 피해 규모가 확산되고 있다. 우리나라 역시 대부분의 건물에 내진설계가 적용되지 않아 지진에 대한 대책 마련이 시급할 전망이다.

더욱이 이번 시뮬레이션 결과는 일본 지진(규모 9.0)에 비해 낮은 규모(6.5)다. 그럼에도 불구하고 추정되는 피해 규모는 한국전쟁 이래 최대 수준이다. 이에 따라 우리나라 노후아파트와 저층 건물에 대한 대비책 마련이 시급할 것으로 예상된다.

서울시가 지난해 발표한 자료에 따르면 서울시 내 건물 62만 8,325채를 조사한 결과 내진설계가 확인된 건물은 6만 1,919채로 나머지는 내진설계가 안 돼 있는 것으로 기록됐다.

강남구(24퍼센트). 송파구(22퍼센트), 서초구(20퍼센트) 등 신축 건물이 많은 강남권의 경우 내진설계 비중이 높은 것으로 나타났다. 반면, 노후 건물이 많은 용산구(6.4퍼센트), 종로구(6.2퍼센트), 중구(6.6퍼센트)등은 비중이 낮았다.

또 소방방재청 지진종합방재대책 자료에 따르면 우리나라 전체 건축물 680만여 동 중 내진설계가 적용된 것은 2.35퍼센트인 16만여 동이다. 내진설계 대상이 100만여 동이지만 내진설계 비율은 16퍼센트수준이라는 것이다.

문제는 1~2층의 저층 건물이 우리나라 건축물 중 85퍼센트에 해당한다는 점이다. 지난 1995년 일본 고베 지진 때 완전 붕괴된 건물 4만 9,000여 동 중 3층 이하 건물이 94퍼센트(4만 6,000여 동)를 차지한 바 있으며 1999년 대만 치치 지진 때도 3층 이하 건물이 71퍼센트였다.

특히 대부분이 저층인 학교 시설은 1만 8,329동 가운데 내진 설계로 지어진 곳이 2,417동(13.2퍼센트)에 그쳐 지진 대비에 매우 취약한 것으로 파악되었다.

이같이 노후 건물의 내진설계 비중이 낮은 이유는 내진 설계 의무화를 1988년부터 규정했기 때문이다. 현재는 지난 2005년에 3층 이상 1000제곱미터이상 건축물로 확대한 기준을 적용하고 있다. 이는 지난 1988년 6층 이상, 10만제곱미터이상 건축물에 대한 내진설계를 도입한 이후 1995년에 6층(아파트 5층 이상)1만제곱미터 이상 건축물로 범위가 점점 확대됐다.

소방방재청은 '시설물별 내진실태 현황 자료'에 따르면, 지난해 9월 현재 지진을 견디는 설계가 의무화된 전국의 시설물 107만 8,072곳 중 내진설계를 적용한 곳은 19만 8,281곳(18.4퍼센트)에 불과했다. 이는 2008년 중국 쓰촨성 대지진

당시 정부가 실태 조사한 결과(내진율 18.4퍼센트)에서 전혀 나아진 게 없는 것이다.

한편, 소방방재청은 지진방재종합대책으로 내진설계가 안 된 기존공공건축물에 대한 내진보강기본계획을 수립, 추진 중에 있다. 또 내진설계가 돼 있지 않은 모든 건축물과 건축법상 규제대상이 아닌 소규모 저층 건축물에는 내진보강이나 설계 시 인센티브를 부여하는 방안 등을 개정 중이라고 밝혔다.

이혁 기자(2011.3.18, 전국아파트신문)

5

지진이 발생했을 때
어떻게 해야 할까?

평소에 준비하는 지진 대책

대규모 지진이 일어나면 물, 전기, 가스, 통신 등 기본적인 생활 라인이 정지할 가능성이 있다. 완전히 복구되기 전 집에서 생활할 수 있도록 최소한의 물과 음식, 생활용품을 준비해두는 것이 좋다. 집에 화재가 나거나 붕괴될 위험이 있는 경우에는 안전한 장소로 대피해야 하기 때문에 비상용 물품을 미리 배낭 등에 넣어두어 빠른 대응을 할 수 있도록 한다. 평소에 집에서 할 수 있는 간단한 대비 방법을 알아보자.

① 선반 등 높은 곳에 쉽게 떨어지는 물건이 없도록 미리 치워두고, 머리맡에는 깨지기 쉽거나 무거운 물건을 두지 않도록 한다.

② 깨지기 쉬운 유리그릇은 낮은 선반이나 문이 있는 곳에 안전하게 보관한다.

③ 가스, 전기, 수도를 차단하는 방법을 미리 익혀둔다.

④ 전기배선, 가스 등을 수시로 점검하고 불안전한 부분은 미리 수리해둔다.

⑤ 불안정한 가구나 액자, 선반 등을 안전하게 고정시킨다.

⑥ 비상시에 사용할 약품과 소화기, 방진복, 마스크 등 장비의 위치와 사용방법을 미리 알아둔다.

⑦ 비상사태에 대비하여 간단한 응급처치 방법을 익혀둔다.

⑧ 비상시에 가족 또는 이웃끼리 서로 모일 수 있는 대피 장소를 미리 정해둔다.

⑨ 물과 음식 등 비상물자를 미리 준비해둔다.

⑩ 비상시에 연락할 수 있는 통신수단을 마련해둔다.

지진이 일어났을 때 대부분의 사람들은 우왕좌왕하며 밖으로 나가기 마련인데, 이는 정말 위험한 일이다. 지진 중 발생하는 부상은 떨어지는 물체에 의한 것이 대부분이다. 흔들림이 심할 때에는 질서를 유지하면서 1차 진동이 멈출 때까지 탁자나 책상 밑으로 들어가 몸의 안전을 확보하는 것이 최우선이다.

지진 대책

집안에 있을 경우

먼저 탈출구를 확보한다

진동이 커지면 문이나 창틀이 뒤틀리며 열리지 않아 실내에 갇힐 수도 있다. 몸의 안전이 확보되면, 일단 문과 창문을 조금 열어 도망갈 길을 확보해야 한다.

탈출구 확보

불씨를 처리한다

식사 준비 중이거나 눈앞에서 불을 사용하고 있을 때 지진이 일어나면 제일 먼저 가스레인지 불을 꺼야 한다. 강도가 큰 지진이라 흔들림이 격렬할 때는, 일단 안전한 곳으로 피하고 흔들림이 멈춘 후에 불을 끈다. 불을 쓰지 않고 있었더라도 가스의 밸브는 꼭 잠가두어야 한다. 또한 전기에 의한 화재가 발생할 수 있으므로 두꺼비집도 내린다.

불씨 처리

진동이 멈추어도 방심하지 않는다

가족이나 동거인의 안전을 확인하자. 큰 지진이 일어난 후에는 높은 확률로 여진이 발생한다. 장롱이나 책장, 냉장고 근처에는 절대 가까이 가지 말자. 그리고 라디오, 텔레비전 등을 통해 신속하게 최신 정보를 입수한다.

큰 지진이 일어난 후에는 높은 확률로 여진이 발생한다. 따라서 먼저 가족이나 동거인의 안전을 확보한 후 화재가 발생하지 않도록 가스밸브를 잠근다. 그리고 장롱이나 책장, 냉장고 근처 등 물건이 떨어져 다칠 수 있는 곳 근처로는 가지 않는다.

사태가 진정이 되면 TV나 라디오를 통해 재난관리책임기관의 정보를 입수하여 그에 따라 움직여야 한다. 대규모 지진이 발생하면 사람들은 심리적으로 동요하게 되며, 확실하지 않은 유언비어나 헛소문에 휩쓸리게 된다. 따라서 이때는 무엇보다 정보를 믿고 침착하게 행동하는 것이 가장 중요하다.

집 밖에 있을 경우

거리에서

강한 진동을 느끼면, 가방 등으로 머리를 보호하며 가까운 공터나 가로수 아래로 대피한다. 건물 주변에는 유리창이나 간판 등이 떨어질 수 있으므로 절대 가까이 가지 않는다. 또한 담벼락, 문기둥, 자동판매기, 건설 현장에서도 멀리 떨어져야 한다.

거리에서 대피요령

엘리베이터에서

엘리베이터를 타고 있을 때 진동을 느끼면 가장 가까운 층의 버튼을 눌러 밖으로 대피해야 한다. 밖으로 나갈 때는 신속하고 안전하게 질서를 지키며 나간다. 무엇보다도 당황하지 말고 침착하게 대처하는 것이 최우선이다. 만일, 엘리베이터 안에 갇혔을 경우에는 인터폰 버튼을 누르고 관리실에 연락해서 구조를 기다린다. 지진이나 화재가 일어났을 때는 절대로 엘리베이터를 이용하면 안 된다.

백화점, 마트에서

가방이나 장바구니 등으로 머리를 보호하고, 진열 케이스나 상품 가판대에서 멀리 떨어져야 한다. 그리고 기둥 옆이나 벽에 몸을 의지하고 흔들림이 멈출 때까지 기다린다. 아이와 함께 있을 때는 반드시 아이 손을 꼭 잡고 있어야 한다. 에스컬레이터나 엘리베이터는 정전 등으로 갑자기 멈출 수 있으므로 계단을 통해서 밖으로 나가야 한다.

백화점, 마트 대피요령

극장에서

극장은 어둡고 촘촘한 좌석 때문에 쉽게 대피하기가 힘들다. 반드시 영화가 시작되기 전에 안내해주는 비상구의 위치를 기억해둔다. 그리고 진동이 크지 않을 때 가방 등으로 머리를 보호하며 천천히 비상구로 나간다. 많은 사람들이 좁은 비상구로 몰릴 수 있기 때문에 가급적이면 관계자의 지시에 따라 대피하는 것이 좋다.

지하도에서

지하도는 일반적으로 지상보다 흔들림이 적고 안전하므로 침착하게 행동하면 안전하게 대피할 수 있다. 단, 화재가 일어나면 연기 때문에 위험할 수 있다. 그럴 때는 가방 등으로 머리를 보호하고, 연기를 마시지 않도록 몸을 낮게 하여 벽면을 따라 이동한다. 일반적으로 정전이 되면 비상등이 켜지지만, 만일 켜지지 않더라도 벽을 따라 이동하면 출입구로 나갈 수 있다.

전철에서

큰 충격이 발생하므로 화물 선반이나 손잡이 등을 꽉 잡아서 넘어지지 않도록 하며 차내 방송에 따라서 침착하게 행동해야 한다. 섣부른 행동은 큰 혼란을 일으키게 되며 전철의 운행이 멈추었다고 해서 서둘러 밖으로 나가면 큰 부상을 입을 수 있다. 지하철 역에서는 정전이 되더라도 곧바로 비상등이 켜진다. 서둘러 출구로 뛰어나가는 것은 위험한 행동이다. 반드시 안내방송에 따라 행동하자.

전철 대피요령

운전 중일 때

진동을 느끼더라도 곧바로 급브레이크를 밟으면 안 된다. 지진이 발생하면 자동차의 타이어가 터진 듯한 상태가 되어 제대로 운전을 할 수 없다. 충분히 주의를 하면서 서서히 속도를 줄이고 차를 도로의 오른쪽에 세운다. 대피하는 사람들이나 긴급차량이 통행할 수 있도록 길을 열어두어야 하기 때

운전 중 대피요령

문. 큰 지진이 일어나면 보통 도심은 거의 모든 도로가 통행
금지가 된다. 라디오 정보를 잘 듣고 부근에 경찰관이 있다
면 지시에 따라 행동한다.

차 밖으로 대피할 필요가 있을 때는 화재발생시 차 안으로
불이 들어오지 않도록 창문은 닫고 키를 꽂아둔 채로, 문을
잠그지 말고 안전한 곳으로 신속하게 대피하도록 한다.

지진이 멈추었을 때 대처방안

지진이 멈추더라도 언제 여진이 찾아올지 모른다. 무조건 대피하려고 하지 말고 일단 침착하게 마음을 가다듬고 상황을 파악해야 한다. 여진은 1차 지진보다 진동은 작지만 취약해진 건물에 치명적인 손상을 줄 수 있으므로 철저하게 대비해야 한다.

① 먼저 부상자를 살펴보고 심할 경우에는 즉시 119로 연락하여 구조를 요청한다. 부상자가 있는 곳이 위험하지 않으면 그대로 두고, 만일 옮겨야 한다면 먼저 기도를 확보하고 머리와 부상 부위를 고정한 후 안전한 곳으로 옮긴다. 단, 의식을 잃은 부상자에게는 물을 주지 말아야 한다.

② 상하수도, 전기, 가스 등 화재에 의한 2차 피해가 일어나지 않도록 안전하게 점검한다. 가스냄새가 나거나 가스 새는 소리가 나면 먼저 창문을 열어 환기를 시키고 메인밸브를 잠근 후 대피한다. 만일 정전이 되었다면 손전등을 사용하고, 양초나 라이터 등은 누출된 가스가 폭발할 위험이 있으므로 사용해서는 안 된다. 가스누출

이 확인된다면 한국가스안전공사(1544-4500)나 119로
신고를 한다.

③ 유리파편이 있을지도 모르니 튼튼한 신발을 신고 집안
구석구석을 점검한다. 단, 무너질 위험이 있으므로 처
음에는 멀리 떨어져서 하는 것이 좋다.

④ 전선, 가스관, 수도관 등 주요 관로와 가전제품의 피해
상황을 파악해둔다. 전기에 이상이 있다고 판단되면 곧
바로 전기차단기를 내린다.

⑤ 수도관에 피해를 입었다면 집으로 들어오는 메인밸브
를 잠근다. 그리고 하수관로의 피해 여부를 확인하기
전까지 화장실 이용은 가급적 자제하는 것이 좋다.

⑥ 부상자가 있거나 긴급한 용도가 아니라면 전화 사용을
자제한다.

⑦ 지진에 관한 최신 뉴스를 청취하면서 정보를 입수한다.
밖으로는 가급적 나가지 않는 것이 좋지만 꼭 나갈 일
이 있다면 붕괴 위험이 있는 건물, 축대, 다리, 도로 등
은 피해서 이동한다. 그리고 소방관 등 구조요원의 도
움이 있기 전까지는 피해지역으로 가지 말아야 한다.

내진 설계에 따른 대피방법

1. 내진 설계가 잘 되어 있는 고층건물

● 소파나 크고 견고한 구조물 아래 또는 옆으로 대피하여 몸을 웅크리고 있어야 한다.

● 외부 계단은 이용하지 않는다. 외부 계단은 건물 중에서 가장 심각한 구조적 타격을 받을 수 있는 부분이고 빌딩 본체와 다르게 진동할 수 있다. 이럴 경우 계단과 빌딩 본체가 충돌하여 무너져 내릴 수 있다.

● 가능한 건물 밖으로 대피하고 당장 나갈 수 없는 상황이라면 건물 내부의 외벽 쪽으로 대피한다. 건물 내부로 들어갈수록 대피로가 잔해로 막힐 확률이 높기 때문이다. 단, 외벽이 유리로 되어 있는 경우에는 파편에 피해를 입지 않도록 주의한다.

2. 내진 설계가 되어 있지 않은 소형건물

- 1층보다는 2, 3층이 안전하므로 가장 위층으로 대피한다.
- 문이나 창문으로 탈출할 수 없는 상황이라면 테이블 아래로 들어가거나 소파와 큰 의자 옆으로 가서 몸을 웅크리고 있어야 한다.
- 현관 기둥이 무너졌을 경우에는 천장 붕괴를 의심해야 한다. 섣불리 밖으로 나가지 말고 주의 깊게 살펴본다.
- 학교에서는 책상 아래 또는 옆으로 몸을 숨기고 1차 진동이 끝날 때까지 선생님의 지도하에 질서정연하게 기다린다.

Part 3

쓰나미에서 살아남기

든 것을 순식간에 휩쓸고 지나갔다. 아직도 우리 기억 속에 생생하

게 남아 있는 가슴 아픈 재해였지만 다시는 이러한 피해를 입지 않

도록 미리 대비하고 준비해야 할 것이다.

 2004년 12월 26일 인도네시타 수마트라섬 인근에서

일어난 해저 지진으로 발생한 쓰나미는 무려 22만 명의 사망자와

함께 타이, 푸켓 휴양지 등 인도양 주변국 전반에 걸쳐 커다란 피해

를 주었다. 10미터가 넘는 엄청난 파도는 건물, 나무, 사람들, 모

1

쓰나미에 대한 기초 지식

쓰나미(津波)란 지진 해일을 뜻하는 일본어다. 1946년 태평양의 알류샨 열도에서 일어난 지진으로 하와이가 거대한 해일의 피해를 입었을 때, 일본계 이민자들이 '쓰나미'란 말을 사용하면서 이 말이 널리 쓰었게 되었다. 이후 세계의 주요 언론들도 이 엄청난 사고를 보도하면서 쓰나미를 지진 해일을 일컫는 단어로 사용하기 시작했다. 1949년에 설치한 태평양 해일 경보센터의 명칭도 'Pacific Tsunami Warning Center'라 명명하면서 쓰나미라는 말은 국제적인 용어로 자리 잡았다. 이후 1968년에 미국의 해양학자 반 돈Van Dorn이 학술용어로 사용할 것을 제안하고 국제 용어로 인정을 받게 되었다.

쓰나미가 일어나는 이유

쓰나미의 발생 원인은 다양하지만, 해저 플레이트의 충돌로 발생하는 지진이나 해안 지역에서 일어나는 지각 변동, 폭풍, 해저 화산 활동 등 기상적인 요인에 의한 것이 대부분을 차지하고 있다. 그리고 아주 드물게 해양에 운석이 떨어지면서 생기는 경우도 있다.

그중 가장 큰 원인은 해저에서 일어나는 지진이다. 지진을 동반하는 단층이 수직으로 움직여 올라가거나 내려가면 해수면도 따라서 올라가고 내려간다. 즉, 해저의 지형 변화가 그대로 해수면에 나타나면서 수위의 변동이 파도가 되고 그 파도가 주변으로 확대되면서 쓰나미가 되는 것이다. 정단층에 의한 해저의 침강이나 역단층에 의한 융기에 의해서도 쓰나미는 일어난다.

그렇다고 모든 해저 지진이 쓰나미를 일으키는 것은 아니다. 지진 규모가 작거나 단층이 주변에 없으면 일어나지 않는다. 규모 7.5 이상의 지진이 일어나 해저 단층에 영향을 미쳐야만 주변 지역에 피해를 줄 수 있는 파괴적인 쓰나미를 발생시키는 것이다.

규모 8 이상의 대지진에서는 단층의 길이가 100킬로미터

쓰나미 기호

이상이 되는 일도 있다. 그에 따르는 지형 변화도 엄청난 규모로 진행되기 때문에 광범위한 해수가 움직이면서 대규모 쓰나미를 일으키는 것이다. 원래 쓰나미가 발생할 때는 해저 지형의 큰 변화가 막대한 영향을 끼친다. 대지진에 의해 해저 단층이 크게 융기하거나 침강할 때 쓰나미를 일으키기 쉬운 환경이 되는 것이다. 하지만 해저 단층이 지진 때문에 어긋나더라도 융기나 침강 없이 단순히 옆으로 어긋난다면 큰 쓰나미는 발생하지 않는다. 예를 들어, 목욕을 할 때 욕조 아래에서 손으로 물을 수면으로 차올려보면, 손으로 밀어낸 압력만큼의 물이 수면 위로 솟구쳐 오른 후 주위로 퍼져나가는 것을 볼 수 있다. 이것이 거대화된 것이 바로 쓰나미이다.

지진에 의한 쓰나미는 대규모이고 먼 곳까지 전파된다. 심

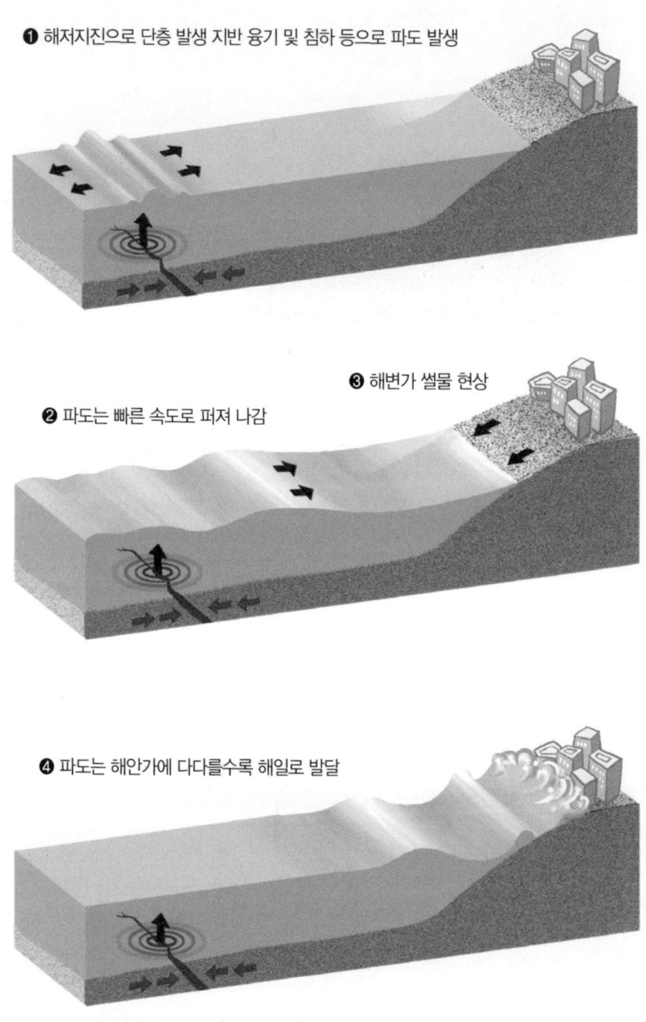

해저 지진에 의한 쓰나미의 발생 과정

지어 지진을 전혀 느끼지 못했던 지역에서도 쓰나미의 습격을 받는 경우가 있다. 일반적인 경우라면 쓰나미가 도착할 때까지 시간이 걸리므로 대피하기 쉽고 인명 피해를 거의 받지 않지만, 정보 전달 체계를 제대로 갖추지 못한 지역에서는 말 그대로 불의의 습격을 받는 격이어서 엄청난 피해로 번질 수 있다. 실례로 1960년 칠레 지진으로 발생한 쓰나미는 하와이와 일본까지 큰 피해를 입혔다. 그리고 모든 사람들이 악몽처럼 기억하는 2004년 인도네시아 수마트라섬의 지진도 엄청난 쓰나미를 일으키며 인도양 연안 국가에 거대한 규모의 인명, 재산피해를 주었다.

두 번째로, 폭풍 때문에 간간히 발생하기도 한다. 폭풍 쓰나미는 강한 저기압, 특히 태풍 등에 의해 해안의 수위가 갑자기 높아지면서 발생한다. 모두 해안 가까운 항만지대에서 발생하기 때문에 엄청난 피해를 내게 된다. 산더미 같은 쓰나미가 휩쓸고 지나간 지역은 마치 폭격기 편대가 파상적으

<table>
<tr><td>해저 지진이
쓰나미를
일으키는 조건</td><td>① 규모 7.5의 지진일 때
② 지진을 일으키는 단층이 바다 밑이나 근처에 있을 때
③ 단층이 침강, 융기 운동을 하며 해수면의 높이를
　일정 수준 이상으로 올릴 때</td></tr>
</table>

로 집중 폭격을 한 것과 비슷한 정도이다.

지진 때문에 생기는 쓰나미는 예측이 어렵지만, 폭풍 때문에 생기는 쓰나미는 대체로 예측이 가능하다. 그리고 폭풍 쓰나미는 강한 바람이 불어 큰 기압차가 발생하고, 또 해수면의 기압차에 의해 해수면이 올라가면서 생겨나기 때문에 저기압의 영향으로 바람의 강도가 더욱 세질 경우 피해가 커진다.

또, 해저 화산이 폭발해 쓰나미가 일어나는 경우가 있다. 바다의 깊이에 비해 비교적 넓은 범위의 해저가 급격히 융기하거나 함몰하면서 생기는 것이다.

가장 유명한 것이 1883년 8월 27일에 발생한 크라카다우 섬 폭발이다. 수마트라 섬과 자바 섬 사이의 해협에 있는 이 화산섬은 4회에 걸쳐 대폭발을 일으켜 섬은 라카다 산의 반 정도를 남긴 채 함몰, 바다 속에 깊이 279미터와 122미터의 심연이 생겨났다. 근대 화산 폭발 사상 최대 규모라 할 수 있는 이 폭발은 3,600킬로미터나 떨어진 남부 오스트레일리아와 4,800킬로미터 떨어진 인도양에 있는 로드리게스 섬에서도 폭발음이 들릴 정도였다고 한다. 이때 바다에 발생한 쓰나미 또한 세계적인 규모였다. 순다(Sunda) 해협 연안에는 높이 30미터의 파도가 들이닥쳐, 자바에서만 36,000명의 사망자를 냈다.

그밖에 아주 드물기는 하지만 거대한 운석이 바다에 떨어져 대규모 쓰나미가 발생하는 경우도 있다. 기록상으로 남아 있지 않아 명확하게 증명할 수는 없지만, 멕시코만 카리브해 연안에는 약 6,550만 년 전 천체 충돌 시 발생한 쓰나미의 퇴적물이 남아 있다. 퇴적물의 분포 범위로 추측해보았을 때 당시 쓰나미의 높이는 무려 300미터에 달했을 것이라고 한다. 또한, 전문가들의 의견에 따르면 만약 영화에서처럼 직경 5킬로미터의 소행성이 대서양 한가운데 떨어지는 일이 발생할 경우 대서양 연안의 모든 도시가 피해를 입을 정도로 거대한 쓰나미가 발생할 것이라고 한다.

쓰나미의 위력

먼 바다에서 일어난 쓰나미의 파장은 수십 킬로미터에 이르지만, 파고는 수십 센티미터에서 2미터나 3미터 정도로, 해수면의 변화는 거의 없다. 그러나 쓰나미가 육지로 접근하면서 수심이 얕아지면 속도가 떨어지는 대신 파고는 엄청나게 높아진다.

일반적으로 쓰나미의 속도를 나타내는 공식은 $v=\sqrt{gh}$(v 속도, g 중력가속도, h 수심)로 표시한다. 예를 들어 수심이 6,000미터인 바다에서 쓰나미의 속도는 비행기의 속도와 비슷한 시속 800킬로미터에 이른다. 그러나 해안가로 다가올수록 수심이 점점 얕아지면서 시속 40~60킬로미터까지 느려지게 된다. 수심이 얕아지면서 물과 바닥과의 마찰 때문에 속도가 감소하게 되는 것이다. 그러나 속도는 느려지지만 쓰나미 자체의 에너지는 줄어들지 않기 때문에 결국 해안가에서는 높이가 수십 미터에 달하는 거대한 파괴력을 가진 파도로 발달하게 된다. 규모 8.0 이상의 강진이라면 해안가의 파고가 10미터 이상으로 높아지고 진앙 근처에서 발생한 쓰나미라면 파고가 30미터를 넘을 수도 있다.

해저 지진이 발생할 경우 동반하게 되는 쓰나미는 바닷물 전체에 에너지가 실려 내륙으로 밀고 들어오는 만큼 그 파괴력은 엄청나다. 단적인 예로 파고 1미터의 쓰나미라도 위력은 해안에 위치한 웬만한 건물을 무너뜨릴 정도이다. 지난 2004년 인도네시아 수마트라섬에서 초대형 쓰나미가 발생했을 때 물이 발목에 닿기만 해도 사람들이 쓸려나간 이유도 이 때문이다.

일반적으로 쓰나미가 해안에 도착하면서 일어나는 현상은 해수면이 급격하게 변하는 것이다. 영화 〈2012〉를 보면, 쓰나미가 해안을 덮치기 전에 해안가의 물이 바다 쪽으로 일시적으로 빨려나가 바닥이 휑하니 드러나는 신기한 일이 벌어진다. 그리고 곧바로 파고가 엄청나게 높은 거대한 바다의 벽이 도착하는 놀라운 광경을 볼 수 있었다. 바닷물이 빠져나가는 이 현상은 곧 쓰나미가 밀려온다는 신호인 것이다. 쓰나미의 최대 높이는 2차, 3차의 쓰나미 파동에서 나타나므로 첫 번째 쓰나미가 지나갔다고 해서 안전하다고 생각하면 절대 안 된다.

지형에 따른 쓰나미의 규모

보통 해저 지진의 규모가 클수록 쓰나미의 규모가 커지고 해저 지진의 규모가 작을수록 쓰나미의 규모가 작은 것이 일반적이지만, 지형에 따라 쓰나미의 위력이 달라질 수도 있다.

① 항만이나 항구, 갯벌이 돌출되어 있으면 쓰나미의 파괴력은 더욱

커진다.

돌출된 해안에서 쓰나미의 영향

② 암초가 많은 해안가 마을은 쓰나미에 더 큰 피해를 입는다.

암초가 많은 해안에서 쓰나미의 영향

③ 해안이 가파른 절벽으로 이루어져 있으면 쓰나미의 위력이 줄어
   든다.

절벽 해안에서 쓰나미의 영향

　일반적인 방법으로는 거대한 쓰나미의 파고를 정확하게 측정할 수 없는 것이 현실이다. 지금까지 기록으로 남아 있는 쓰나미의 규모는 대부분 현장 조사로 측정한 것이다. 해안가로 밀려온 쓰나미가 해발 고도 몇 미터의 높이까지 솟아올랐는지 주변 구조물과 비교해서 측정하던가, 사정이 여의치 않으면 쓰나미가 지나간 후에 현장에 남아 있는 표류물을 조사해서 측정하기도 한다.

　2011년 3월의 일본 도호쿠 대지진으로 발생한 쓰나미가 37.9미터의 산 중턱에까지 도달했었다는 조사결과가 나왔

는데, 이는 아파트 12층 높이와 맞먹는 높이이다. 이는 지난 1896년 메이지시대에 발생한 산리쿠(三陸) 지진 당시 미야기 현에서 확인된 38.2미터의 일본 최고 기록에 버금가는 것으로, 2004년 인도네시아 쓰나미 때의 34.9미터보다 높다.

2

세계의 쓰나미 재해와 피해 상황

2004년 12월 26일 인도네시아 수마트라섬 인근에서 일어난 해저 지진으로 발생한 쓰나미는 무려 22만 명의 사망자와 함께 타이, 푸켓 휴양지 등 인도양 주변국 전반에 걸쳐 커다란 피해를 주었다. 10미터가 넘는 엄청난 파도는 건물, 나무, 사람들, 모든 것을 순식간에 휩쓸고 지나갔다. 아직도 우리 기억 속에 생생하게 남아 있는 가슴 아픈 재해였지만 다시는 이러한 피해를 입지 않도록 미리 대비하고 준비해야 할 것이다.

세계의 주요 쓰나미

1755년 포르투갈 리스본

규모 9.0의 지진으로 엄청난 위력의 쓰나미가 발생하여 리스본 건물의 85퍼센트가 파괴되고 대서양, 아프리카 등 인근 국가에 큰 피해를 주었다.

1883년 인도네시아 크라카타우

화산 폭발로 일어난 쓰나미 중 역사상 최대 규모. 42미터라는 어마어마한 높이의 쓰나미가 발생하여 36,000명의 사망자를 냈다.

1896년 일본 산리쿠

일본 역사상 가장 강력했던 쓰나미로 지진 규모 자체는 그렇게 크지 않았지만 최대 파고가 무려 38.2미터에 달하는 대규모 쓰나미가 발생하여 피해 규모가 컸다.

1946년 알루샨 열도

규모 7.8의 지진으로 발생한 대규모 쓰나미로 하와이까지 엄청난 피해를 입혔다. 1949년 하와이 태평양지진해일 경보센터 설립의 계기가 되었다.

1958년 미국 알래스카

규모 7.7의 지진으로 산사태가 일어나 거대한 낙석이 바다로 떨어지면서 발생한 대규모 쓰나미로 무려 520미터의 파고를 기록했다. 파고가 수백 미터에 달하는 이러한 쓰나미를 메가 쓰나미라고 하는데, 기록상으로는 20만 년 동안 이러한 메가 쓰나미가 11번 발생했다고 한다.

1960년 칠레

20세기 최대의 지진으로 규모는 9.5에 달했다. 엄청난 지진 규모로 인해 발생한 쓰나미도 역시 대규모였고 태평양 전역에 큰 피해를 주었다.

1964년 미국 알래스카

북아메리카 역사상 최대 규모인 9.2의 지진으로 발생한 거대 쓰나미가 미국과 캐나다 서부를 덮치며 130여 명의 사망자를 내는 등 큰 피해를 입혔다.

1998년 파푸아뉴기니

규모 7.1의 해저 지진으로 해저 산사태가 일어나면서 발생한 쓰나미. 인근의 모든 섬들을 큰 파도로 집어삼키며 1,500여 명에 달하는 사망자를 냈다.

2004년 인도네시아 수마트라섬

인도양 역사상 가장 큰 규모인 9.3 강진으로 발생한 쓰나미로 동남아시아 12개 국에 엄청난 피해를 일으켰다. 인도네시아 168,000명을 비롯해 인도양 국가에서 22만 명이 사망하는 등 아이티 지진과 함께 21세기 최악의 사고로 기록되고 있다.

2006년 인도네시아

인도네시아 해저에서 발생해 자바섬을 강타한 규모 7.7의 강
진으로 쓰나미 발생. 최소 654명이 사망하는 큰 피해를 입혔
다.

2009 사모아섬

남태평양 미국령 사모아섬 일대서 규모 8.0 강진으로 발생한
대형 쓰나미. 주변 섬들을 순식간에 휩쓸고 지나간 쓰나미
여파로 190여 명이 사망했다.

2010년 칠레

칠레 서부 태평양 연안에서 규모 8.8 강진이 발생하여, 최소
521명이 사망하고 56명이 실종되었다. 사망자 대부분은 수
도 산티아고에서 남서쪽 400킬로미터 떨어진 마울레 해안을
덮친 쓰나미 때문에 발생했다. 칠레의 사망자 수만 1,700명
에 달했다.

2010년 아이티

지진 규모는 7.0으로 아주 큰 규모는 아니었지만 더불어 발
생한 대형 쓰나미가 주변 국가를 덮쳤다. 사망자는 무려
222,570명이었다.

2010년 인도네시아 수마트라섬

인도네시아 수마트라섬 서부 연안에서 발생한 규모 7.7의 강
진으로 발생한 대형 쓰나미. 최소 112명이 숨지고 500여 명
실종되는 등 큰 피해를 입었다.

2011년 일본 도호쿠

2011년 3월 11일 일본 동북부 해역에서 일어난 규모 9.0의
대지진. 순식간에 들이닥친 초대형 쓰나미 때문에 인근 해안
마을은 초토화되었고, 수만 명의 인명 피해, 20조 엔에 달하
는 엄청난 재산 피해가 발생했다.

3

우리나라의 쓰나미 재해와 피해 상황

1983년 5월 26일 일본 아키타현에서 일어난 지진은 규모 7.7을 기록한 강진으로 그 진폭과 쓰나미의 피해가 우리나라 동해안 일대까지 미친 엄청난 것이었다. 이 지진으로 일본에서는 100명 이상이 사망 또는 실종되고 56명이 다치는 등 큰 피해를 입었다.

우리나라도 3명이 실종되고 70여 척의 선박이 부서지는 뜻밖의 피해를 입었다. 우리나라에서 발생한 지진은 아니지만, 우리가 간과하면 안 되는 것은 이 지진의 영향이 삼척, 속초, 거진, 묵호, 울릉도 등 동해안 지방에 폭넓게 미쳤다는 점이다. 일본 홋카이도 앞바다에서 이날 낮 12시 5분에 지진이 발생한 지 불과 1시간 25분 만에 동해안 바다 수면을 3미터까지 치솟게 했다. 진앙지에서 생긴 쓰나미가 시속 350킬로미터라는 엄청난 속도로 동해를 건너온 것이다. 이는 비록 우리나라에서 지진이 일어나지 않더라도 일본에서 더 강력한 지진이 발생할 경우 우리도 적지 않은 피해를 볼 수 있다는 암시가 된다. 더욱이 이웃 나라의 잦은 지진이 우리에게도 연쇄 반응효과를 미칠 수도 있으므로 사전에 빈틈없는 방재 대책을 세워야 할 것이다.

한편, 조선시대 문헌의 기록을 보면 우리나라에서도 과거에 쓰나미가 발생했다는 것을 알 수 있다.

"1646년 6월 21일 울산에서 큰 파도가 12보까지 육지에 들락거렸다. 1668년 7월 25일 철산 바닷물이 크게 넘치고 지진이 일어나 지붕의 기와가 모두 기울어졌다. 1681년 6월 24일 8도에서 모두 지진이 발생했으며 강원도 신흥사 및 계조굴의 거암이 모두 붕괴되었고 평일에 바닷물이 차 있던 곳이 100여 보 노출되었다. 1702년 11월 28일 강원도에서 해일로 무너진 인가가 많았다. 1741년 7월 19일 하루에 7~8차례나 동해 바닷물이 넘어들어 인가가 많이 무너졌다."

그리 큰 규모는 아니지만 일단 우리나라도 쓰나미 안전지대가 아니라는 사실을 인식하는 좋은 계기가 될 것이다.

우리나라의 주요 쓰나미 재해

① 1940년 8월 2일 북해도 외해 지진 쓰나미

- 규모 : 7.5
- 파고 : 약 2미터
- 피해지역 : 삼척, 울진, 울릉도 등 동해안 지역
- 피해상황 : 가옥피해 56동, 어선피해 6척

② 1964년 6월 16일 일본 니가타 쓰나미

- 규모 : 7.5
- 영향 : 부산과 울산 지역 파고 상승
- 피해지역 : 없음

③ 1983년 5월 26일 동해 중부지진 쓰나미

- 규모 : 7.7

- 파고 : 울릉도 0.8~1.3미터, 묵호 1.5~2미터, 속초 1.23
  ~1.56미터, 포항 0.52~0.62미터
- 피해지역 : 울릉도, 삼척, 울진, 동해지역
- 피해상황 : 5명 부상, 가옥피해 44동, 어선피해 81척 등
  총 3억 7천만 원의 재산 피해를 입었음
※ 간만의 차가 최고 6미터까지 되는 조수현상까지 겹쳐
  피해증폭

④ 1993년 7월 12일 북해도 남서외해지진 쓰나미

- 규모 : 7.8
- 파고 : 울릉도 0.89~1.19미터, 속초 1.3~2.03미터, 동해
  2.13~2.76미터, 포항 0.76~0.92미터
- 피해지역 : 울릉도, 삼척, 동해지역
- 피해상황 : 어선 피해 35척, 어망 3,000여 통 등 총 3억 9
  천만 원의 재산 피해를 냈음

⑤ 2004년 5월 29일 울진 앞바다 지진 쓰나미

- 규모 : 5.2
- 파고 : 울진 1.2~2.05미터, 삼척 0.83~0.98미터 울릉도
  0.8~1.3미터

● **피해지역** : 울진, 삼척, 안동, 포항, 울릉도
● **피해상황** : 울진 지역에서 건물이 심하게 흔들리고 다수
  의 어선 피해가 있었음
※ 1978년 속리산 지진 이후 우리나라에서 일어난 가장
  큰 규모의 지진

우리나라의 쓰나미 관측 시스템

기상청에서는 1997년부터 지진 관측망 확충 및 현대화 사
업을 추진하여 지진관측소 27개소와 가속도계 85개소, 해일
파고계 1개소를 설치하여 지진 발생과 동시에 지진이 관측
되면 5~10분 이내로 진앙, 진도 등을 분석하고 있다.

해외에서 발생한 지진의 경우 일본 기상청 JMA, 방재
과학기술연구소 NIED와 미국 태평양 지진해일 경보센터
PTWC, 알라스카 지진해일 경보센터 ATWC에서 제공하는
지진 및 지진해일 관측 자료와 국가지진 정보시스템 분석결
과를 확인하고, 지진해일 전파 예측모델을 이용하여 지역별
해일 도착 예측시각 및 예상 파고를 산출하여 쓰나미의 규모

와 영향을 미치는 지역 등을 예보한다.

- **해일주의보** : 한반도 주변 해역에서 규모 7.0 이상의 해저 지진이 발생하여 쓰나미 발생이 우려될 때 발령한다.
- **해일경보** : 한반도 주변해역 등에서 규모 7.5 이상의 해저지진이 발생하여 우리나라에 쓰나미 피해가 예상될 때 발령한다.

또한, 기상청에서는 국가지진 정보시스템이 자동으로 분석한 결과를 컴퓨터 통신, SMS 문자 메시지, 이메일, 기상청 홈페이지, 주요 포털사이트 등 다양한 통보 방식을 이용하여 알려준다. 그리고 통보 기관을 시, 도, 해안가 자치단체 상황실까지 확대하여 신속한 경보 체계를 구축하고 있다.

4

쓰나미가
발생했을 때
어떻게 해야 할까?

쓰나미는 모든 해안 지역의 인명과 재산에 큰 피해를 줄 수 있는 악몽과도 같은 재해다. 특히 지진으로 발생하는 쓰나미는 언제, 어떤 규모로 들이닥칠지 모르기 때문에 더욱 위험하다. 하지만 쓰나미에 대한 기본적인 지식과 대처방안을 미리 숙지하고 있으면 피해를 줄일 수 있다.

- 일반적으로 일본 서해안의 지진대에서 규모 7.0 이상의 지진이 보고되면, 약 2시간 후 동해안에 쓰나미가 도달하게 된다.

- 도달하는 영역은 동해안 전체이고, 동해안에 내습하는 쓰나미의 파고는 최대 3~4미터 정도이다. 이로 인해 해안가 저지대는 침수되기 쉽다.

- 일반적으로 쓰나미가 들이닥치기 전에는 해변의 바닷물이 썰물처럼 빠져나간다. 규모가 큰 쓰나미라면 항구 바닥이 드러나기도 한다. 그리고 쓰나미가 다가올 때는 비행기 소리 같은 엄청난 굉음이 들린다.

- 쓰나미는 여러 차례 열을 지어 도달하는데, 보통 1파보다 2, 3파의 크기가 더 큰 경우가 많다. 또한 쓰나미에 의한 해수면의 진동은 길게 10시간 이상 지속되기도 한다.

- 쓰나미의 속도는 사람보다 훨씬 빠르고, 엄청난 위력을 가지고 있다. 파고가 30센티미터 정도라도 성인이 걸을 수 없고, 1미터 정도라면 목조 건물을 파괴할 수 있다.

- 해안가의 선박이나 자동차, 기타 물건들이 쓰나미에 의해 육지로 이동하여 가옥에 충돌하는 경우도 있다. 이

러한 물체들이 유류 탱크 등에 충돌하여 화재를 일으킬 수도 있다.

- 쓰나미는 예고 없이 발생한다.
- 쓰나미는 바다로 통해 있는 하천을 따라 역상하기도 한다.

쓰나미의 기본 대처 방안

- 쓰나미에 대한 기본적인 지식을 숙지하고 있어야 한다. 그리고 이러한 지식과 정보는 이웃과 친지에게 알려 위험에 대비하도록 한다.
- 자신이 있는 지역이 쓰나미의 피해를 입을 수 있는 위험 지역인지 확인한다.
- 지진이 발생하면 쓰나미 위험 경보에 대비한다. 일본 서해안에서 규모 7.0 이상의 지진이 일어나면 쓰나미 발생을 생각해야 한다. 그리고 쓰나미가 밀려온다는 경보를 확인하면 모든 통신수단을 동원하여 주변 사람들에게 알려야 한다.

쓰나미 경보 확인

- 일본 서해안에서 지진이 발생하면 동해안에는 약 2시간 뒤에 쓰나미가 도달하므로, 해안가에서는 작업을 정리하고 위험물(부유 가능한 물건, 충돌 시 충격이 큰 물건, 유류 등)을 이동시켜야 한다.

- 쓰나미로부터 몸을 지키기 위해서는 신속하게 움직여야 한다. 쓰나미의 최고 속도는 시속 수백 킬로미터에 달하므로 쓰나미를 육안으로 확인한 후에는 대피하기가 쉽지 않다. 또, 해일 경보가 발령되기 전에 갑자기 들

높은 곳으로 대피

이닥치는 경우도 있으므로, 일단 강한 진동을 느끼면 즉시 안전한 곳으로 대피해야 한다.

- 쓰나미가 급습했을 때는 해안에서 멀리 떨어진 곳으로 대피하는 것보다 높은 곳으로 이동하는 것이 중요하다. 해안가로 밀려들면서 속도는 많이 줄어들지만 그래도 시속 40~50킬로미터에 육박하므로 쓰나미를 보자마자 가능한 한 높고 튼튼한 건물(3층 이상)로 대피해야 한다.
- 몸으로 느끼는 진동과 지진 자체의 규모는 전혀 다르

다. 규모가 작은 지진이라도 진앙이나 해안 지형 등 여러 가지 변수에 의해 엄청난 규모의 쓰나미가 발생할 수 있는 것이다. 작은 진동이라도 장시간 계속 되는 경우에는 방심하지 않고 일단 대피하는 것이 좋다.

● 쓰나미는 한 번으로 끝나지 않고 2회, 3회 반복해서 덮쳐온다. 그리고 1파보다 2파, 3파가 더 큰 위력을 가지는 경우가 많다. 그러므로 쓰나미 경보가 해제될 때까지 절대로 해안 근처에는 가지 말아야 한다.

● 라디오, 텔레비전, 방재 무선 등을 보고 들으며 올바른 정보를 입수하고 냉철하게 판단하여 행동해야 한다. 미디어를 이용할 수 없는 곳에서는 지역 방재기관의 지시를 따른다.

배를 타고 있을 때 쓰나미가 발생한다면?

대부분의 항구에는 항만 당국과 해상교통관제시스템이 있어, 쓰나미 경보가 발령되면 선박의 이동 등 항만 질서 유지를 위한 지시, 감독 업무를 수행한다. 선박에 타고 있을 경

선박을 안전하게 고정한 후 신속하게 대피한다

우에는 관계 당국의 지시를 따르면서 안전 수칙을 이행하도
록 한다.

● 먼 바다에서는 쓰나미를 거의 느끼지 못하지만, 해안
  부근에서 크게 증폭되므로 자신이 만일 바다 한가운데
  있을 때 쓰나미 경보가 발령되거나 이를 인지하였을 때
  에는 항구로 복귀하지 않도록 한다. 참고로, 수심 400미
  터 이상이면 배에 있는 것이 훨씬 안전하다.

● 항만, 포구 등에 정박해 있거나, 해안가에서 조업 중인 선박은 쓰나미 발생여부를 인지한 후, 시간적 여유가 있다면 질서를 유지해가며 선박을 수심이 깊은 지역으로 이동시킨다. 만일 쓰나미가 곧바로 들이닥칠 것 같으면 배를 부두에 남겨두고 즉시 고지대로 대피해야 한다.

● 쓰나미가 들이닥치면 항구에서는 엄청난 위력의 파도가 일어나므로 선박의 안전에 각별히 유의해야 한다. 배를 제대로 고정시켜두지 않으면 바닷물과 함께 내륙으로 밀려들어와 큰 피해를 입을 수 있다.

● 선박에 대한 조치가 끝난 후에는 동료들과 함께 신속히 고지대로 이동한다.

● 방파제가 있더라도 쓰나미의 파고는 그보다 훨씬 높기 때문에 주변 지역에 있어서는 안 된다. 쓰나미 경보가 해제되기 전까지는 무조건 대피하도록 한다.

백두산 화산이
폭발하면 어떻게 될까?

1815년 4월 인도네시아 숨바와 섬의 탐보라 화산이 거대한 굉음을 내며 폭발했다. 이 폭발로 해발 4,000미터를 넘던 거대한 산은 순식간에 산봉우리가 통째로 날아가면서 흉물스러운 모습으로 변했다. 탐보라 화산은 폭발 당시 엄청난 양의 화산재와 이산화황 가스를 뿜어냈는데, 이 분출물은 성층권까지 올라가 태양빛을 차단했다.

이후 북유럽과 미국, 캐나다 동부 지역에는 심각한 냉해가 발생했다. 6월에 눈폭풍이 발생하고 7, 8월에도 호수와 강에서 얼음이 어는 등 이상 기후가 이어졌다. 그래서 1815년을 '여름이 없던 해'라고도 한다. 냉해는 모든 농작물을 말라 죽였고 결국 세계적인 대기근이 시작되었다. 우리나라에서도 조선시대 순조 16년 삼남지방 대 흉작으로 조정에서 절량민

29만 명에게 구호곡 8천 섬을 방출했다는 사실이 조선실록에 등장하는데, 바로 이 화산 폭발의 영향이었다. 인도네시아의 작은 섬에서 발생한 화산 폭발이 실제로 지구 전체에 심각한 영향을 주는 거대한 재앙이 된 것이다.

문제는 천 년 전에 있었던 백두산 화산 폭발이 세계적인 재앙을 몰고 왔던 탐보라 화산 폭발을 능가했다는 사실이다. 우리나라의 백두산 연구 1인자인 부산대학교 지구과학교육과 윤성효 교수는 당시 백두산이 뿜어 낸 화산재와 각종 분출물이 탐보라 화산의 1.5배에 달했을 것으로 보고 있다. 만약 천 년 전의 폭발을 재연할 경우 탐보라 화산 때보다 더 끔찍한 일이 벌어질 수 있다고 지적한다. 문헌에서도 이를 증명하고 있는데, 「고려사」에서는 "하늘에서 북이 울렸다."고 했고, 일본의 「흥복사연대기」에서는 "화산재가 눈처럼 내렸다."고 전하고 있다.

백두산 화산의 폭발 가능성

1980년대 일본 지질학자들은 믿기 힘든 엄청난 현상을 발견했다. 일본 아오모리현 도와다호수 화산재층을 조사하던 중 915년 도와다 화산 분화로 쌓인 화산재층 위에 호수 퇴적물이 덮여 있고 그 위에 백두산에서 날아온 화산재가 쌓인 것을 확인한 것이다. 천 년 전 백두산 화산 분출로 뿜어져 나온 화산재가 1,200킬로미터나 떨어진 일본 도호쿠 지방까지 날려가 약 5센티미터 두께로 쌓인 것이다.

그렇다면 과연 백두산은 천 년 전의 재앙을 다시 반복할까? 윤교수의 말에 따르면 백두산에서 발생한 대규모 폭발은 천 년을 주기로 발생하고 있다고 한다. 기원전 2천 년 전에 큰 화산활동이 있었고 기원전 1,055~1,050년 전에도 발생했다. 10세기에 분화를 하고 이제 천 년이 지났으니 언제 폭발해도 이상하지 않다는 것이다.

그리고 실제로 백두산 주변에서 화산 폭발의 전조 현상도 나타나고 있다. 2002년 6월 중국 동북부에서는 규모 7.3의 지진이 발생했고, 2003년에는 균열, 붕괴, 산사태가 이어졌다. 2004년 계곡 숲에서는 원인 모르게 말라죽은 나무들도 관찰되었다. 또한, 백두산 장백폭포 아래 지열 지대에서는 섭씨 80도를 넘는 온천수가 바위 틈새로 솟아나고 있고, 2010년에는 백두산의 한 골짜기에서 뱀 5~600백 마리가 무더기로 발견되면서 불안감이 확산되기도 했다. 2002년부터 지진 활동 또한 부쩍 많아지고 있다. 2002년, 2003년, 2005년에는 백두산 월별 지진발생이 200건을 넘은 달도 있었다. 지진 활동이 활발해지고, 지반이 변형되고, 분화구 호수 온도가 변하고, 가스 성분이 바뀌는 현상은 모두 화산 분화의 전조 현상이다.

백두산 화산이 폭발하면 어떤 일이 일어날까?

백두산 화산이 폭발하면 화산재는 대기상층으로 약 25킬로미터 이상 상승하여 성층권내로 진입할 것이며, 성층권과 대류권의 화산재는 제트 기류와 편서풍을 타고 함경도를 지나 동해를 건너 일본 홋카이도와 혼슈 북부지역에 화산재를 비처럼 내릴 것이다.

성층권내로 진입한 미세한 화산재는 계속 머물면서 태양빛을 차단하여 북반구 여름철 평균 온도를 0.5도 이상 하강시킬 것이다. 북반구에는 냉해나 미니빙하기가 올 것이고 화산재와 이산화황 등이 태양에너지를 차단하기 때문에 온도가 크게 떨어지는 특정 지점에 한랭화가 있을 것이다. 전문가들은 천 년 전 백두산이 뿜어낸 분출물의 양과 농도를 계산해 기온이 2도 정도 기온이 하강할 가능성도 제기했다. 또 지구 온난화를 일시적으로 주춤하게 만들 수도 있다.

화산 폭발로 인한 직접적인 영향은 더욱 무시무시하다. 화산이 폭발할 때 나타나는 위험한 현상으로 화산쇄설류

(pyroclastic flow)와 라하르(Lahar) 그리고 화산 붕괴를 들 수 있는데, 그중에서도 화산재와 바위가 섞여 물처럼 쏟아져 내리는 화산쇄설류는 시속 100킬로미터의 속도로 모든 것을 휩쓸고 지나가는 최악의 재앙이다. 용암과 달리 속도가 매우 빠른 만큼 순식간에 엄청난 인명 피해를 가져올 수 있기 때문에 화산이 폭발할 조짐이 보이는 즉시 대피를 해야 한다. 참고로, 예전 폭발 때 백두산에서 흘러나온 화산쇄설류는 분화구로부터 반경 35킬로미터에 걸쳐 3~83센티미터 두께로 쌓여 있다.

라하르도 간과할 수 없다. 라하르는 인도네시아말로 홍수와 함께 토석이나 진흙이 뒤섞여 흐르는 상황을 말하는데, 천지를 채우고 있는 20억 톤의 물이 거대한 쓰나미로 변해 장백폭포 쪽으로 흘러넘칠 수 있다. 만일 실제로 그런 일이 일어난다면 그야말로 백두산 주변은 아무 것도 없는 황폐한 지역으로 변할 것이다.

중국 국가지진국이 설립한 천지화산관측소가 내다본 최악의 시나리오 또한 공포스럽다. 폭발로 날아간 화산탄은 건물 지붕과 벽을 부술 수 있는 위력을 가지고 있다고 한다. 또 화산재가 10센티미터 이상 쌓이면 건물이 무너진다. 화산재가 1센티미터만 덮여도 농작물이 살기 어렵다고 하는데, 관측소는 천 년 전과 같은 화산 폭발이 일어나면 우리나라와 중국, 북한, 일본 북부 등 우리나라 면적의 7배인 70만 제곱킬로미터에 달하는 지역에서 농업과 주거환경에 심각한 피해를 입을 것으로 예측하고 있다.

또 천지에 고여 있는 물 20억 톤이 쏟아지면 백두산 일대에 막대한 홍수 피해가 일어나게 된다. 지역적으로는 중국과 북한, 일본 북부 지역이 큰 피해를 보게 된다. 또 백두산이 겨울에 폭발하면 화산재가 북풍이나 북동풍을 타고 내려올 수 있어 우리나라도 안심할 수 없다.

화산 폭발이 우리에게 미치는 영향

탐보라 화산이 폭발을 일으켰던 1815년은 '여름이 없던 해'이다. 지구 전체가 냉해의 위협을 받으며 추위에 떨어야 했다. 화산이 폭발하면 왜 기상 이변을 일으키며 추워지는 걸까?

수억 톤의 화산재와 먼지가 공중으로 솟아오르면서 하늘을 뒤덮어 태양빛을 막고, 기류를 타고 지구 전역으로 이동하며 지구의 평균 기온을 떨어뜨리기 때문이다. 이처럼 화산 폭발에 의한 지구 냉각 효과를 피나투보 효과라고 한다. 피나투보는 필리핀에 있는 화산을 말하는데, 1991년에 이 화산이 엄청난 규모로 폭발하면서 내뿜은 화산재와 이산화황이 대기 중에 머물며 태양빛을 막았다. 그래서 지구의 평균 기온이 내려가게 되었고, 이때부터 이런 현상을 피나투보 효과라 부르게 되었다. 탐보라 화산 외에도 1883년 폭발한 인도네시아 크라카토아 화산으로 인해 분화 후 4년 동안 서늘했고 1888년 겨울에는 그 지역에서 처음으로 강설을 기록하기도 했다.

그렇다면 백두산 화산 폭발이 우리에게 미치는 영향은 어떨까?

백두산 전문가인 윤성호 교수의 말을 들어보면 그 영향력은 무시무시한 공포로 다가온다.

"천지 물의 온도는 8도 정도이고 마그마는 1,000도에 달한다. 물과 마그마가 만나면 물은 '앗 뜨거'하는 순간 수증기로 변하고 마그마는 '앗 차가워'하며 산산이 부서진다. 동시에 마그마는 화산재로 변해 팝콘처럼 번진다. 천지와 마그마가 만나면 필연적으로 폭발적인 분화를 일으키는 것이다. 그리고 마그마가 치솟아 수위가 높아지면서 천지 안에서 쓰나미가 발생한다. 이렇게 솟구친 물은 송화강으로 흐르는 북쪽 골짜기를 통해 격동하며 무섭게 휘몰아치기 시작한다. 만약 20억 톤 중 10분의 1만 흘러넘친다고 해도 천지 북쪽에 위치한 이도백하라는 마을은 대홍수로 사라질 것이다.

만약 백두산 폭발과 함께 외륜산이 무너지면 압록강과 두만강 유역에도 엄청난 홍수가 발생한다. 하지만 외륜산이 무너질 정도의 강력한 폭발이라면 압록강이나 두만강 할 것 없이 주변부가 모두 초토로 변할 수 있다."

"화산재는 시멘트와 같은 흡착력이 있어서 식물에 묻으면 빨리 떨어지지 않는다. 화산재가 쌓인 후 식물이 싹을 뚫고 올라오려고 해도 화산재가 시멘트처럼 바닥에 쌓여 있기 때문에 뚫을 수가 없다. 이 때문에 식생이 다 죽어버리는 것이다. 화산재가 피부에 묻으면 피부호흡을 차단한다. 화산재에는 이산화황이 묻어 있는데 이것이 수분과 만나면 황산으로 변한다. 산성비가 되어서 식물 조직을 파괴하는 것이다. 이것이 지하수로 들어가면 지하수 역시 산성으로 변해 마실 수 없다. 화산재가 비처럼 내릴 때 호흡을 하면 허파로 들어가 허파 꽈리에 붙어 버린다. 이산화황이 황산이 되면서 피부 조직을 파괴하고 폐암을 발생시키고 규폐증을 유발한다. 화산재는 미세한 유리인데 날카롭기 때문에 숨을 들이켜고 내쉴 때마다 몸속에서 이동하며 피부 조직을 긁어 버린다. 기관지 천식을 앓거나 저항성이 약한 사람에게는 치명적이다."

"우리나라가 화산재의 직접적인 공격을 받을 가능성은 적다. 백두산에서 날아간 화산재가 우리나라로 올 가능성을 연구해 보니 5년(1825일) 중 20일에 불과했다. 이는 1퍼센트의 가능성이다. 만주 쪽에 고기압이 위치하고 동해 먼 바다에 저기압이 형성한다면 북풍이나 북동풍이 불어서 화산재가 남쪽으로 확산할 수 있다. 그러면 화산재가 양강도와 함경도에 뿌리는 동시에 강원도, 경상도, 부산 등에도 쌓일 수 있다."

화산은 인류의 생활과 밀접하게 연결되어 있고, 또 다양한 혜택도 주고 있다. 화산 폭발로 생겨난 새로운 땅과 새로운 환경, 그리고 그 환경으로부터 얻을 수 있는 비옥한 대지, 용수, 온천, 흑요석을 대표로 하는 광물이나 아름다운 풍경은 우리에게 많은 도움을 준다.

화산은 인류와 함께 살아갈 수 있는 은혜의 땅이지만, 폭발하면 무시무시한 재앙으로 다가오는, 우리가 막을 수 없는 위대한 자연의 힘이다. 백두산 화산이 폭발하기까지 1년이 남았는지, 10년이 남았는지, 아니면 폭발하지 않을지 지금으로서는 알 수 없는 일이다. 다만, 지금 우리가 해야 할 일은 최대한 많은 정보를 수집하고 지속적으로 관측하면서 철저하고 안전한 대비책을 세우는 것뿐이다.

안전 구호품 소개 및
방재 대책 체크리스트

안전 구호품

잇따른 지진과 후쿠시마 원자력발전소 폭발로 방사성 물질 확산 공포가 커지면서 일본에서는 방진마스크나 고글형 보안경, 안전모 등 지진이나 방사능 오염을 대비하는 안전 구호품이 불티나게 판매되고 있다. 최근에는 비상식량까지 포함된 다양한 세트용품까지 나오고 있다. 비록 우리나라는 방사능 오염이나 지진의 위험이 덜하지만, 재난은 언제 갑자기 찾아올지 모른다. 평소에 기본적인 안전 구호품을 준비해서 위급한 상황에 대처하는 마음가짐이 필요하다.

한국소방공사 **www.nofire.co.kr**
안전지대 **www.safetyzone.co.kr**
그린존 **www.greenzon.net**

방진마스크

방사능 오염, 심각한 황사 등을 대비하기 위해 필요한 용품이다. 한국산업안전보건공단(www.kosha.or.kr)에서는 방진마스크의 등급을 효율에 따라 2급, 1급, 특급, 이렇게 세 가지로 나누어서 용도에 맞게 사용하도록 권하고 있다. 언뜻 생각하기에는 당연히 효율이 높은 특급이 제일 좋아 보이지만 그만큼 필터의 구조가 빡빡해서 숨쉬기가 불편하다는 단점이 있다. 방사능 피폭 방지용으로는 1급 정도의 방진마스크를 착용하는 것이 안전하면서도 편리하다.

고글형 보안경

방사능 오염, 지진 재해가 발생했을 때 방진마스크와 더불어 꼭 필요한 용품이다. 날아오는 물체나 화학물질, 자외선, 적외선 등을 막을 수 있다. 피폭 방지용으로는 김서림과 정전기를 방지해주는 렌즈가 장착된 고글형 보안경이 안전하다.

안전모

지진이 일어났을 때 필수품이다. 재질과 효능에 따라 A형(물체 낙하 방지), AB형(물체 낙하 및 추락 위험 방지), AE형(물체 낙하 및 추락 위험 방지, 감전 위험 방지), ABE형(물체 낙하 및 추락 위험 방지, 감전 위험 방지), 4가지로 구분하는데, 감전 위험 방지 기능이 추가되어 있는 AE형이나 ABE형이 좋다.

안전 장갑

방사능 오염, 지진, 화재 등 여러 재해에 필수적인 용품이다. 피폭 방지용으로는 일반 고무장갑이라도 상관없지만, 지진이나 화재가 발생했을 때 감전사고 예방을 위해서는 조금 비싸더라도 절연장갑을 구입하는 것이 좋다.

안전 보호복

방사능 오염에 대비하기 위해 필요한 의복이다. 기본적으로 정전처리 기능과 방사능 분진에 대한 보호 능력을 보고 선택하면 된다. 오염이 심각하지 않을 경우에는 시중에서 쉽게 구할 수 있는 우비로 대체한다.

방재 대책 체크리스트

용도	필요한 방재용품
피폭 방지	☐ 방진마스크(없으면 일반마스크나 손수건에 물을 적셔서 이용) ☐ 고글 ☐ 장갑 ☐ 우비 ☐ 반창고 ☐ 요오드화칼륨(원자력 발전소에서 30킬로미터 이내 거주민) ☐ 쓰레기 봉투 ☐ 박스테이프
정보 수집	☐ 휴대전화 ☐ 휴대용 TV ☐ 라디오
집에 있을 때	☐ 손전등 ☐ 다목적 충전기 ☐ 식료품(쌀, 라면 등 장기보존이 가능한 식품) ☐ 물 ☐ 청소기 ☐ 키친타올 ☐ 정수기 ☐ 상비약
외출할 때	☐ 신분증 ☐ 호루라기 ☐ 지도 ☐ 방진마스크 ☐ 안전모 ☐ 휴대용 침낭 ☐ 휴대용 정수기 ☐ 초콜릿 ☐ 물 ☐ 상비약 ☐ 비상식

방사능
지진에서
살아남는 법

21세기형 천재지변 서바이벌 가이드북

2011년 5월 27일 초판 1쇄 인쇄
2011년 6월 3일 초판 1쇄 발행

지은이 | 고현진
발행인 | 전재국

본부장 | 이광자
단행본개발실장 | 박지원
책임편집 | 유영준
마케팅실장 | 정유한
책임마케팅 | 김진학 윤주환
기획마케팅 | 신재은

발행처 (주)시공사
출판등록 1989년 5월 10일(제3-248호)

주소 | 서울특별시 서초구 서초동 1628-1(우편번호 137-879)
전화 | 편집(02)2046-2850 · 영업(02)2046-2800
팩스 | 편집(02)585-1755 · 영업(02)588-0835
홈페이지 www.sigongsa.com

ISBN 978-89-527-6208-5 13810